彩图 1 梨树黑星病

彩图 2 葡萄黑痘病

彩图 3 月季黑斑病

彩图 4 猕猴桃褐斑病

彩图 5 冬寒菜褐斑病

彩图 6 芹菜斑枯病

彩图 7 芹菜斑枯病（叶背）

彩图 8 芹菜尾孢叶斑病

彩图 9 芹菜尾孢叶斑病（特写）

彩图 10　荷花棒孢叶斑病

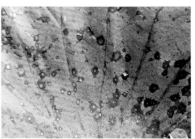
彩图 11　荷花棒孢叶斑病
（叶正面病斑中内具灰白色小点）

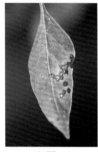
彩图 12
辣椒炭疽病（叶片）

彩图 13
辣椒炭疽病（果实）

彩图 14　辣椒炭疽病
（田间大发生状）

彩图 15　辣椒红色炭疽病（果实）

彩图 16　冬寒菜炭疽病（叶片）

彩图 17　辣椒早疫病（前期）

彩图 18　辣椒早疫病（突起的同心轮纹）

彩图 19　茄子早疫病（病叶上有黑霉）

彩图 20　黄瓜白粉病

彩图 21　菊芋白粉病

彩图 22　玉米腥黑粉病

彩图 23
梨树锈病（正面）

彩图 24
梨树锈病（背面）

彩图 25　甜玉米锈病

彩图 26　小麦条锈病

彩图 27　莴苣灰霉病

彩图 28　莴苣灰霉病（特写）

彩图 29　芹菜灰霉病

彩图 30　辣椒枯萎病

彩图 31　花生枯萎病

彩图 32　木耳菜蛇眼病

彩图 33　辣椒污煤病

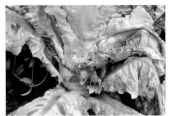

彩图 34　莴苣菌核病
（茎部发病水渍状软腐）

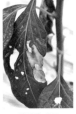

彩图 35
辣椒菌核病

彩图 36
辣椒菌核病（苗期）

彩图 37 辣椒菌核病（果实）

彩图 38 辣椒菌核病（绵白色菌丝）

彩图 39 莴苣霜霉病

彩图 40 莴苣霜霉病（特写）

彩图 41 苦定菜霜霉病
（油麦菜霜霉病）

彩图 42 生菜霜霉病

彩图 43 番茄晚疫病（叶片）

彩图 44 番茄晚疫病（V形灰绿色斑）

彩图 45　番茄晚疫病
（大棚内大发生状况）

彩图 46　茄子绵疫病（叶片）

彩图 48　辣椒疫病（叶片）

彩图 49　辣椒疫病（苗期）

彩图 47　茄子绵疫病（果实）

彩图 50　辣椒疫病（茎分枝处）

彩图 51　辣椒疫病（果实）

彩图 52　辣椒疫病（田间大发生状）

彩图 53　蕹菜白锈病

彩图 54 蕹菜白锈病（特写）

彩图 55 白菜根肿病（微距）

彩图 56
柑桔溃疡病（叶片）

彩图 57
柑桔溃疡病（果实）

彩图 58 马铃薯疮痂病

彩图 59 马铃薯疮痂病
（病斑不深入薯块）

彩图 60 柑桔黄龙病（果实）

彩图 61 莴苣病毒病
（叶片皱缩，植株矮化）

彩图 62 莴苣病毒病
（叶缘下卷成筒状）

彩图 63　莴苣病毒病（花叶及褐色坏死状）　　　彩图 64　黄瓜根结线虫

彩图 65　马铃薯根腐线虫　　　彩图 66　马铃薯根腐线虫（100 倍显微）

彩图 67　南方菟丝子（危害观赏植物）　　　彩图 68　柑桔藻斑病

彩图 69　番茄裂果　　　彩图 70　柑橘缺铁　　　彩图 71　柑橘黄斑病

杀菌剂 使用技术

唐韵 蒋红 主编

化学工业出版社

·北京·

本书以"新颖、实用、适用"为编写主旨,在简述引起植物病害的主要16种病原物的基础上,详细介绍了主要260余种杀菌剂的通用名称、其他名称、产品特点、适用范围、防治对象、单剂规格、使用技术、混用技术、注意事项等内容。另外,还介绍了380余种杀菌剂混剂品种。书中文前附有6大类植物病害的第一手原色高清图片,书末附有杀线虫剂类型与品种介绍,便于读者查阅。

本书适合广大农林种植户、农林技术推广人员,杀菌剂研究开发、市场营销、监督管理人员阅读,可作为农药经营人员办理经营许可证前的培训教材,也可供农林院校相关专业师生参考。

图书在版编目(CIP)数据

杀菌剂使用技术/唐韵,蒋红主编. —北京:化学
工业出版社,2018.3(2024.11重印)
ISBN 978-7-122-31512-0

Ⅰ.①杀… Ⅱ.①唐…②蒋… Ⅲ.①杀菌剂-农药
施用 Ⅳ.①S482.2

中国版本图书馆 CIP 数据核字(2018)第 025853 号

责任编辑:刘 军 张 艳   文字编辑:孙凤英
责任校对:边 涛   装帧设计:关 飞

出版发行:化学工业出版社(北京市东城区青年湖南街 13 号 邮政编码 100011)
印   装:大厂回族自治县聚鑫印刷有限责任公司
850mm×1168mm 1/32 印张 8½ 彩插 4 字数 226 千字
2024 年 11 月北京第 1 版第 7 次印刷

购书咨询:010-64518888   售后服务:010-64518899
网   址:http://www.cip.com.cn
凡购买本书,如有缺损质量问题,本社销售中心负责调换。

定   价:28.00 元   版权所有 违者必究

本书编写人员

主　编 唐　韵　蒋　红

编写人员（按姓名汉语拼音排序）

顾旭东　　蒋　红　　李　彬　　李　青　　刘　健

施　庆　　唐达萱　　唐开志　　唐　理　　唐　韵

唐　政　　王迪轩　　肖　莉　　谢石发　　徐茂权

徐全红　　徐　翔　　叶根成　　曾朝华

前 言 PREFACE

农药按防治对象分为 8 大类。除草剂、杀虫剂、杀菌剂位列全球农药市场前三甲，它们在作物用农药市场中所占份额分别为42.3%、28.0%、26.8%（2015 年数据）。近年来，杀菌剂市场增长迅速，跑赢除草剂和杀虫剂，未来仍将会领跑全球农药市场。在3 大类农药的新上市产品中，杀菌剂更胜一筹，不但数量多，而且有许多重磅产品横空出世，甲氧基丙烯酸酯类和琥珀酸脱氢酶抑制剂类更是自成体系，迅猛增长，全球瞩目。新上市的杀菌剂不仅有全新结构的化合物，更有全新作用机理的新产品，这显然让 20 多年来无新作用机理化合物的除草剂望尘莫及。目前，全球已开发的杀菌剂单剂逾 300 个。

随着种植业结构调整，土地规模化流转加速，果树、蔬菜等经济作物病害发生加重，我国杀菌剂用量呈逐年递增趋势，在农药中所占比重逐渐加大。1993 年获准登记的杀菌剂产品仅 200 多个，2007 年底国家发布农药管理六项规定，规范农药市场，杀菌剂登记随之出现井喷现象，2016 年底达到 9100 多个，较 1993 年增长了 40 多倍。

为了充分体现植物病害研究成果和杀菌剂发展成就，特编写此书。书中介绍了引起植物病害的病原物 16 种；涉及杀菌剂品种逾640 个，其中无机、有机、生物杀菌剂单剂品种（有效成分）逾260 个，杀菌剂混剂品种（混剂组合）380 个，基本上涵盖了自

1982 年我国实行农药登记制度以来获得农业部登记的几乎所有国内外杀菌剂品种。其中，重点品种从通用名称、其他名称、产品特点、适用范围、防治对象、单剂规格、使用技术、混用技术、注意事项等 9 个方面进行详细介绍。有的品种还列出了首家农药登记证号，便于读者了解其开发历史。编写中严格遵循国家最新农药管理政策法规，文字精练，数字精确，信息权威。书中文前附有 6 大类植物病害的原色高清照片 70 余张，书末附有杀线虫剂类型与品种，便于查阅。

本书是编者多年来从事杀菌剂研发、生产、执法、试验、示范、推广、营销工作中所见、所闻、所思、所得的系统总结。但由于水平所限，不足之处在所难免，敬请不吝赐教。读者朋友若想就本书内容与作者交流，烦请发送邮件到 924937639@qq.com。

编者

2018 年 2 月

目 录 CONTENTS

第一章 杀菌剂基础知识 / 1

第二章　植物病害基础知识 / 36

参考文献 / 239

索引 / 240

第一章
杀菌剂基础知识 ▶▶▶

第一节 | 杀菌剂概念界定 ▶▶▶

目前已经研究明确的农药的防治对象有 2 个方面（影响植物生长发育的因子可概括为非生物因子和生物因子）4 个大类（病、虫、草、鼠）20 个小类（如真菌、原核生物、病毒、线虫）27 种，见表 1-1。寄生性种子植物习惯上纳入病害范畴研究，而实际上作为杂草进行防除。农药按防治对象分为杀菌剂、杀线虫剂、杀虫剂、杀螨剂、杀软体动物剂、除草剂、杀鼠剂、植物生长调节剂等8 大类。

表 1-1　农药按照防治对象划分的八大类型

农药类型	防治对象				
	逆境（如缺素）				非生物因子
	真菌（如大麦柄锈菌）				
杀菌剂	原核生物	细菌（如茄假单胞菌）		病	生物因子
		放线菌（如马铃薯疮痂病链霉菌）			
		类细菌（如柑橘黄龙病类细菌）			
		类立克次体（如木质部难养菌）			
		植原体（如豇豆丛枝病植物菌原体）			
	病毒	真病毒（如黄瓜花叶病毒）			
		亚病毒	类病毒（如柑橘裂皮类病毒）		
			拟病毒（如绒毛烟环斑病毒）		

农药类型	防治对象			
	原生动物(如细管植生滴虫)		病	
	寄生性植物	寄生性种子植物(如弯管列当、中国菟丝子)		
		寄生性苔藓(如引起茶苔藓病的悬藓、中华木衣藓等)		
		寄生性地衣(如引起茶地衣病的睫毛梅花地衣、树发地衣等)		
		寄生性藻类(如引起茶红锈藻病的头孢藻属绿藻)		
杀线虫剂	线虫(如花生根结线虫)		虫	生物因子
杀虫剂	昆虫(如二化螟、甜菜夜蛾)			
	鼠妇(如长鼠妇、光滑鼠妇)			
	鳃蚯蚓(如水稻鳃蚯蚓)			
	害鸟(如树麻雀)			
杀螨剂	螨类(如柑橘全爪螨、柑橘始叶螨)			
杀软体动物剂	蜗牛(如同型巴蜗牛、灰巴蜗牛)			
	蛞蝓(如野蛞蝓、黄蛞蝓)			
	螺类(如福寿螺、钉螺)			
除草剂	杂草(如稗、狗尾草)		草	
杀鼠剂	鼠类(如褐家鼠、黑线姬鼠)		鼠	
	害兽(如猪獾)			
植物生长调节剂				

杀菌剂是防治真菌、细菌、病毒等病原物的农药。有的杀菌剂身兼几职,例如氟吡菌酰胺能杀菌杀线,蛇床子素能杀菌杀虫,硫黄、代森铵、代森锰锌、华光霉素能杀菌杀螨,石硫合剂、矿物油、苦参碱、印楝素能杀菌杀虫杀螨。

第二节 杀菌剂类型划分 ▶▶▶

杀菌剂的分类方法很多,下面介绍其中5种。

一、按防治对象分类

(1)杀真菌剂 只能或主要防治真菌病害的杀菌剂,例如多菌灵。

（2）杀细菌剂　只能或主要防治细菌病害的杀菌剂，例如链霉素。

（3）杀病毒剂　只能或主要防治病毒病的杀菌剂，例如盐酸吗啉胍。

在本书收录的杀菌剂单剂品种中，杀真菌剂、杀细菌剂、杀病毒剂三者分别约占87%、8%、5%。多数杀菌剂单剂只能防治真菌、细菌、病毒中的1类病原物，例如代森锰锌只能防治真菌病害；而有些杀菌剂单剂能防治2类甚至3类病原物，例如氢氧化铜能防治真菌病害（如柑橘疮痂病）、细菌病害（如白菜软腐病、烟草野火病、柑橘溃疡病、黄瓜细菌性角斑病），嘧肽霉素能防治真菌病害、病毒病，宁南霉素能防治真菌病害（如黄瓜白粉病）、细菌病害（如水稻白叶枯病、桃细菌性穿孔病）、病毒病（如烟草病毒病、水稻条纹叶枯病）。防治真菌、细菌病害的还有噻菌铜、噻唑锌、溴菌腈、三氯异氰尿酸等，防治真菌、病毒病害的还有菌毒清、辛菌胺醋酸盐等，防治真菌、细菌、病毒病害的还有氯溴异氰尿酸等。

二、按作用方式分类

（1）内吸性杀菌剂　能被作物吸收进入其体内，并能在作物体内由此及彼传导至未接触到药剂的部位甚至整个植株，从而发挥效力的杀菌剂，例如多菌灵、甲霜灵、甲基硫菌灵。内吸性杀菌剂可防治一些深入到作物体内或种子胚部的病害，以保护作物不受病原物侵染或对已感病的作物进行治疗，因此具有治疗、保护作用。此类药剂容易使病原物产生抗药性。

（2）触杀性杀菌剂　不能被作物吸收进入其体内，更不能在作物体内由此及彼传导，而只能在作物表面或表层对接触到的病原物发挥效力的杀菌剂，又叫非内吸性杀菌剂、触杀型杀菌剂，例如百菌清、咯菌腈、异菌脲、代森锰锌、乙烯菌核利、双胍辛烷苯基磺酸盐。触杀性杀菌剂不能防治深入到作物体内的病害，大多数只具有保护作用。此类药剂不易使病原物产生抗药性。

恶霜灵具有接触杀菌和内吸杀菌活性。咪鲜胺无内吸作用，但有一定的传导性能。

三、按作用结果分类

（1）治疗性杀菌剂　具有很强治疗作用的杀菌剂，又叫治疗剂，例如霜脲腈。苯醚甲环唑同时具有保护和治疗作用。春雷霉素具有预防和治疗作用，而以治疗效果更为显著。治疗性杀菌剂可在病原物已侵染作物后或作物已发病后施药，抑制病原物生长或发病过程，使病害停止发展或使病株恢复健康。

（2）保护性杀菌剂　只有保护作用或主要起保护作用的杀菌剂，又叫保护剂，例如百菌清、代森锰锌。氢氧化铜以保护作用为主，兼有治疗作用。保护性杀菌剂要在病害流行前（即当病原物接触或侵入寄主之前）施用于作物体可能受害的部位，以保护作物不受侵害。表1-2所列为保护性杀菌剂的类型与品种。

表 1-2　保护性杀菌剂的类型与品种

类型			品种举例
传统保护性杀菌剂	无机杀菌剂	无机硫杀菌剂	硫黄、石硫合剂
		无机铜杀菌剂	波尔多液、氢氧化铜
	有机合成杀菌剂	有机硫杀菌剂	代森锰锌、代森锌、代森联、丙森锌
		芳烃类杀菌剂	五氯硝基苯、百菌清
		羧酰亚胺类	乙烯菌核利、腐霉利、异菌脲
		氨基磺酸类	敌磺钠
现代保护性杀菌剂			三环唑、氰霜唑、氟啶胺、氟唑磺菌胺、活化酯

内吸性杀菌剂不一定都是治疗性杀菌剂，例如三环唑具有较强内吸性，但它属于保护性杀菌剂。

治疗性杀菌剂也有保护作用，例如苯醚甲环唑"具有保护、治疗双重作用，即使田间病情较重时也可用来进行防治，控制进一步扩大危害；但为了减轻病害造成的损失，应充分发挥其保护作用，因此施药时间宜早不宜迟，一般在发病初期施药效果最佳"。某公司10%苯醚甲环唑水分散粒剂标签上对于防治梨树黑星病是这样写的："按登记批准剂量，保护性用药：从嫩梢至10mm幼果期，每隔7～10天喷一次药。随后视病情，隔12～18天再喷一次。或与其他药剂交替使用。治疗性用药：发病 4 天内喷一次药；每隔 7～10 天再喷一次，或与其他药剂交替使用。一季作物最多施用 4 次，安全间隔期 14 天。"

保护性杀菌剂中，百菌清、代森锰锌等绝大多数品种只有保护作用，而异菌脲等少数品种具有一定的治疗作用。

作用方式和作用结果是两个不同的分类标准，但这两方面的内容经常合并着描述，例如：双胍三辛烷基苯磺酸盐具有触杀、预防作用；异菌脲是一种广谱触杀性保护性杀菌剂，同时具有一定的治疗作用，也可通过根部吸收起内吸作用；霜脲腈极具内吸性和治疗性；甲霜灵是具有保护、治疗作用的内吸性杀菌剂；甲基硫菌灵具有内吸、预防、治疗作用；氟菌唑具有内吸、治疗、保护作用；氰霜唑具有很好的保护活性，也具有一定的治疗活性；代森锰锌是保护性杀菌剂，无内吸、治疗作用。杀菌剂按作用方式和作用结果这两种分类方法之间的关系见表 1-3。

表 1-3　杀菌剂两种分类的相互关系

杀菌剂类型		单剂品种举例
内吸性杀菌剂	治疗性杀菌剂	霜脲腈(极具内吸性和治疗性)、甲霜灵(是具有保护、治疗作用的内吸性杀菌剂)。绝大多数治疗剂具有内吸性
	保护性杀菌剂	三环唑(具有较强内吸性的保护性杀菌剂)、噁霜灵(具有接触杀菌和内吸杀菌活性)
触杀性杀菌剂	治疗性杀菌剂	异菌脲(是一种广谱触杀性保护性杀菌剂,同时具有一定的治疗作用,也可通过根部吸收起内吸作用)
	保护性杀菌剂	代森锰锌(是保护性杀菌剂,无内吸、治疗作用)。绝大多数保护剂只有触杀性而没有内吸性

四、按作用机理分类

杀菌剂的作用机理是研究病原菌的中毒或失去致病能力的原因，即杀菌剂致毒的生物化学。根据杀菌剂的主要作用靶标，大致分为 4 种作用机理。

（1）对菌体细胞代谢物质的生物合成及其功能的影响　主要包括对核酸、蛋白质、酶的合成和功能以及细胞有丝分裂和信号传递的影响。

（2）对菌体细胞能量生成的影响　菌体不同生长发育阶段对能量的需求量是不同的，孢子萌发比维持生长所需的能量大得多，因而能量供应受阻时，孢子就不能萌发。菌体赖以生存的能量来源于其体内糖、脂肪或蛋白质的降解。在菌体内物质的降解有 3 个途径和糖酵解途径、有氧氧化途径和磷酸戊糖途径。由于糖酵解提供的能量很少，杀菌剂干扰这个代谢途径对防治植物病害的意义不大。杀菌剂对菌体内能量生成的影响主要是有氧呼吸（有氧氧化）的影响，包括对乙酰辅酶 A 形成的干扰、对三羧酸循环的影响、对呼吸链上氢和电子传递的影响，以及对氧化磷酸化的影响。

（3）影响细胞结构和功能　主要包括对真菌细胞壁形成的影响和对质膜生物合成的影响。

（4）植物诱导抗病性　诱导病原菌的寄主植物产生系统抗性，诱导植物防卫有关的病程相关蛋白（PR-蛋白）如几丁质酶、β-1,3-葡聚糖酶、SOD 酶的活性增加，以及植保素的积累、木质素的增加，从而起到抑制病原菌的作用。

为了抗御杀菌剂抗性的产生，指导不同作用机理杀菌剂合理使用，国际杀菌剂抗性行动委员会（Fungicide Resistance Action Committee，FRAC）将目前世界领域已知杀菌剂归结为 10 多个作用机理，见表 1-4。由国际杀菌剂抗性行动委员会批准的杀菌剂作用机理分类方案是以生产实际使用的杀菌剂的作用机理为基础的。

首先，杀菌剂作用机理分类方案的原则有四个方面。一是作用机理编码：依据代谢过程从核酸合成到二级代谢如黑色素合成依次用代码"A……I"来表示，另外寄主植物抗病诱导用"P"、未知作用位点用"U"以及多作用位点用"M"来表示。二是作用靶标位点及编码：给出精确的靶标位点，很多情况下，精确的作用位点并不明确，而是依据同一组或者相关组药剂的交互抗性情况来分类。三是化学类型名称：按化学结构而分类。四是通用名称：英国标准协会或国际标准化组织认可或建议的名称。

其次，一般事项和作用机理分类方案更新有四个方面：一是国际杀菌剂抗性行动委员会制定的作用机理分类方案根据需要定期审查和重新发行；二是当前没有登记的、被取代的、过时的或者被撤回的并且不再日常使用的化合物将不在分类清单中；三是杀菌剂的作用机理分类方案有助于开展病原菌抗性治理；四是在实际应用中施药者可根据杀菌剂作用机理分类代码的不同，在病原菌防治中更好地实施杀菌剂交替、轮换使用。

表 1-4　杀菌剂作用机理分类

作用机理编码	作用靶标位点及编码	化学类型名称	通用名称
A 核酸合成	A1 RNA 聚合酶 I	苯酰胺类	苯霜灵、精苯霜灵、呋霜灵、甲霜灵、精甲霜灵、噁霜灵、呋酰胺
	A2 腺苷脱氨酶	羟基（2-氨基）-嘧啶类	乙嘧酚磺酸酯、二甲嘧酚、乙嘧酚
	A3 DNA/RNA 合成（建议）	芳杂环类	噁霉灵、辛噻酮
	A4 DNA 拓扑异构酶 II	羧酸类	喹菌酮（杀细菌剂）
B 有丝分裂和细胞分裂	B1 有丝分裂中 β-微管蛋白合成	苯并咪唑氨基酯类	苯菌灵、多菌灵、麦穗宁、噻菌灵、硫菌灵、甲基硫菌灵
	B2 有丝分裂中 β-微管蛋白合成	N-苯基氨基甲酸酯类	乙霉威
	B3 有丝分裂中 β-微管蛋白合成	苯乙酰胺类	苯酰菌胺
		噻唑类	噻唑菌胺
	B4 细胞分裂（建议）	苯基脲类	戊菌隆
	B5 膜收缩类蛋白不定位作用	苯乙酰胺类	氟吡菌胺
C	C1 复合体 I 烟酰胺腺嘌呤二核苷酸（NADH）氧化还原酶	嘧啶胺类	氟嘧菌胺
		吡唑类	唑虫酰胺

作用机理编码	作用靶标位点及编码	化学类型名称	通用名称
C	C2 复合体Ⅱ琥珀酸脱氢酶	琥珀酸脱氢酶抑制剂	麦锈灵、氟酰胺、灭锈胺、isofetamid、氟吡菌酰胺、甲呋酰胺、萎锈灵、氧化萎锈灵、噻呋酰胺、苯并烯氟菌唑（benzovindiflupyr）、联苯吡菌胺（bixafen）、氟唑菌酰胺（fulxapyroxad）、呋吡菌胺、吡唑萘菌胺、氟唑菌苯胺（penflufen）、吡噻菌胺（penthiopyrad）、氟唑环菌胺（sedaxane）、啶酰菌胺
	C3 复合体Ⅲ细胞色素 bcl Qo 位泛醌醇氧化酶	QoⅠ类（苯醌外部抑制剂）	嘧菌酯、丁香菌酯、烯肟菌酯、flufenoxystrobin、啶氧菌酯、唑菌酯、mandestrobin、吡唑醚菌酯、唑菌胺酯、triclopyricarb、醚菌酯、肟菌酯、fenaminstrobin、苯氧菌胺、肟醚菌胺、噁唑菌酮、氟嘧菌酯、咪唑菌酮、pyribencarb
	C4 复合体Ⅲ细胞色素 bcl Qi 位质体醌还原酶	QiⅠ类（苯醌内部抑制剂）	氰霜唑、amisulbrom
	C5 氧化磷酸化解偶联酶		乐杀螨、meptyldinocap、二硝巴豆酸酯、氟啶胺、嘧菌腙
	C6 ATP 合成酶	有机锡类	三苯基乙酸锡、三苯锡氯、三苯基氢氧化锡
	C7 ATP 生成抑制剂（建议）	噻吩羧酰胺类	硅噻菌胺
	C8 复合体Ⅲ细胞色素 bcl Qx(未知)泛醌还原酶	Q×Ⅰ类（苯醌×抑制剂）	ametocradin

作用机理编码	作用靶标位点及编码	化学类型名称	通用名称
D 氨基酸和蛋白质合成抑制剂	D1 甲硫氨酸生物合成（建议）	苯氨基嘧啶类	嘧菌环胺、嘧菌胺、嘧霉胺
	D2 蛋白质合成	烯醇吡喃糖醛酸抗生素类	灭瘟散
	D3 蛋白质合成	己吡喃糖抗生素类	春雷霉素
	D4 蛋白质合成	吡喃葡萄糖苷抗生素类	链霉素（细菌）
	D5 蛋白质合成	四环素抗生素类	土霉素（细菌）
E	E1 信号传导（机制尚不明确）	azanphthalenes	苯氧喹啉、丙氧喹啉
	E2 蛋白激酶/组氨酸激酶（渗透信号传递）(os-2,HOG1)	苯基吡咯类	拌种咯、咯菌腈
	E3 蛋白激酶/组氨酸激酶（渗透信号传递）(os-2,Daf1)	二羧酰亚胺类	乙菌利、异菌脲、腐霉利、乙烯菌核利
F	F1	以前的二羧酸亚胺类	
	F2 磷脂生物合成甲基转移酶	硫代磷酸酯类	敌瘟磷、异稻瘟净、吡菌磷
		二硫杂环戊烷类	稻瘟灵
	F3 类脂过氧化作用（建议）	芳烃类	联苯、地茂散、氯硝胺、五氯硝基苯（PCNB）、四氯硝基苯（TCNB）、甲基立枯磷
		芳杂环类	土菌灵
	F4 细胞膜渗透性脂肪酸（建议）	氨基甲酸酯	iodocarb、霜霉威盐酸盐、硫菌威
	F5	以前的 CAA 类杀菌剂	

作用机理编码	作用靶标位点及编码	化学类型名称	通用名称
F	F6 微生物致病原菌细胞膜破坏	芽孢杆菌	解淀粉芽孢杆菌（QST713）、解淀粉芽孢杆菌（FZB24）、解淀粉芽孢杆菌（MB1600）、解淀粉芽孢杆菌（D747）
	F7 细胞膜破坏（建议）	植物提取物	白千层属灌木提取物（茶树）
G	G1 C14脱甲基酶	脱甲基抑制剂DMI（SBI Ⅰ类）	嗪氨灵、啶斑肟、pyrisoxazole、氯苯嘧啶醇、氟苯嘧啶醇、抑霉唑、噁咪唑、稻瘟酯、咪鲜胺、氟菌唑、氧环唑、联苯三唑醇、糠菌唑、环丙唑、苯醚甲环唑、烯唑醇、氟环唑、乙环唑、腈苯唑、氟喹唑、氟硅唑、粉唑醇、己唑醇、亚胺唑、种菌唑、叶菌唑、腈菌唑、戊菌唑、丙环唑、硅氟唑、戊唑醇、四氟醚唑、三唑酮、三唑醇、灭菌唑、丙硫菌唑
	G2 14还原酶和Δ⁸→Δ⁷异构酶	吗啉类（SBI Ⅱ类）	aldimorph、十二吗啉、丁苯吗啉、十三吗啉、苯锈啶、piperalin、螺环菌胺
	G3 3-氧代还原酶 C4-脱甲基化作用	SBI Ⅲ类	环酰菌胺、fenpyrazamine
	G4 固醇生物合成鲨烯环氧酶	SBI Ⅳ类	稗草丹（除草剂）、naftifine、terbinafine
H 细胞壁生物合成	H3 海藻糖酶和肌醇生物合成	吡喃葡萄糖抗生素类	井冈霉素
	H4 几丁质合成酶		多抗霉素
	H5 纤维素合成酶	羧酰胺类	烯酰吗啉、氟吗啉、丁吡吗啉、苯噻菌胺、缬霉威、valifenalate、双炔酰菌胺

作用机理编码	作用靶标位点及编码	化学类型名称	通用名称
I 细胞壁 黑色素 合成	I1 黑色素生物合成还原酶	黑色素生物合成还原酶抑制剂（MBI-R）	fthalide、咯喹酮、三环唑
	I2 黑色素生物合成脱氢酶	黑色素生物合成脱氢酶抑制剂（MBI-D）	环丙酰菌胺、双氯氰菌胺、稻瘟酰胺
P	P1 水杨酸途径	苯并噻唑类	活化酯
	P2	苯并异噻唑	烯丙苯噻唑
	P3	噻二唑羧酰胺类	tiadinil、isotianil
	P4	多糖类	laminarin
	P5	乙醇提取物	虎杖提取物
U	未知	氰基乙酰胺肟类	霜脲氰
	未知	膦酸盐	三乙膦酸铝
		磷酸及其盐	
	未知	邻氨甲酰苯甲酸	teclofetalam
	未知	苯并三嗪	咪唑嗪
	未知	苯磺酰胺	磺菌胺
	未知	哒嗪酮类	哒嗪酮
	未知	硫代氨基甲酸酯	磺菌威
	未知	苯乙酰胺	cyflufenamid
	肌动蛋白破坏（建议）	芳基苯基酮	苯菌酮、pyriofenone
	细胞膜破坏（建议）	吗类	十二环吗啉
	未知	四氢噻唑类	flutianil
	未知	嘧啶腙类	嘧菌腙
	氧固醇结合蛋白抑制剂（建议）	哌啶噻唑异噁唑林	oxathiapiprolin
	复合物Ⅲ细胞色素 bcl 未知结合位点（建议）	4-喹啉醋酸酯	tebufloquin
未分类	未知	多样的	矿物油、生物油、重碳酸钾、生物原材料

作用机理编码	作用靶标位点及编码	化学类型名称	通用名称
M 多作用位点	多作用位点活性	无机类	铜剂、硫黄
		二硫代氨基甲酸酯类	福美铁、代森锰锌、代森锰、代森联、丙森锌、福美双、代森锌、福美锌
		邻苯二甲酰亚胺类	克菌丹、敌菌丹、灭菌丹
		氯化腈	百菌清
		磺酰胺	苯氟磺胺、甲苯氟磺胺
		胍类	guazatine(双胍辛烷和其他聚胺混合物)、双胍辛烷
		三嗪类	敌菌灵
		蒽醌类	二氰蒽醌
		喹喔啉类	chinomethionat、quinomethionate
		马来酰亚胺类	fluoroimide

五、按产品性质分类

分为化学杀菌剂、生物杀菌剂 2 大类。在本书收录的杀菌剂单剂品种中,化学杀菌剂和生物杀菌剂分别约占 80%、20%。

第三节 | 杀菌剂作用原理 ▶▶▶

杀菌剂的作用方式、作用结果、作用效力是三个不相同但又有关联的概念,要注意区分。内吸性杀菌剂多表现为抑菌作用、治疗作用,触杀性杀菌剂多表现为杀菌作用、保护作用。

农药作用方式,指的是农药抵达有害生物或目的植物并到达作用部位的途径和方法。了解农药作用方式,对于科学合理用药,提高防治效果与经济效益,减少对环境的污染都有重要理论意义和实用价值。农药作用方式究竟有多少种,目前尚无权威界定。笔者通过查阅大量资料,总结归纳发现农药作用方式共有 13 种。植调是植物生长调节剂特有的作用方式,捕食和寄生是活体型生物农药特有的作用方式。有的资料将胃毒、触杀、熏蒸、内吸、杀卵、植调等6种作用方式称为传统性作用方式，将引诱、驱避、拒食、不育、昆调、捕食、寄生、植健等8种作用方式称为特异性作用方式。德国巴斯夫开发的25%吡唑醚菌酯乳油在我国率先取得"作物（或范围）——玉米、大豆，防治对象——植物健康作用"的登记，笔者将"植物健康作用"作为一种全新的作用方式单列出来。

有些农药单剂品种只有1种作用方式，例如赤霉酸只有植调作用，平腹小蜂只有捕食作用。而有些农药兼具几种作用方式，例如苦皮藤素主要是胃毒作用；蛇床子素以触杀为主，胃毒作用为辅；鱼藤酮具胃毒、触杀作用；桉油精具触杀、熏蒸、驱避作用；烟碱具胃毒、触杀、熏蒸作用，并有杀卵作用；印楝素既具有传统性作用方式（如胃毒、触杀、内吸），也具有特异性作用方式（如拒食、驱避、不育、昆调），据统计，印楝素是所有农药中作用方式最多的品种，作用方式多达7种。

一、农药的作用方式

1. 农药的传统性作用方式

（1）胃毒　农药随食物经有害生物口腔进入消化系统，引起有害生物中毒致死。具有这种作用方式的农药如苦皮藤素。

（2）触杀　农药与有害生物体表接触，渗入体内，引起有害生物中毒致死。具有这种作用方式的农药如除虫菊素。

（3）熏蒸　农药以气体状态经有害生物呼吸系统进入体内，引起有害生物中毒致死。具有这种作用方式的农药如烟碱、桉油精。

（4）内吸　有两种情况，一是农药被目的植物吸收进入体内，四处传导，昆虫等有害生物取食带毒植物的汁液或组织，引起有害生物中毒致死。具有这种作用方式的农药如印楝素。二是农药直接进入杂草等有害生物体内，四处传导，引起有害生物中毒致死。具有这种作用方式的农药如双丙氨膦。有些农药能被吸入植物体内，但不能在体内运转，这种作用方式一般不作为内吸作用来讨论，有时别称为内渗作用。

（5）杀卵　农药与有害生物的卵接触后进入卵内降低卵的孵化

率，或直接进入卵壳使幼虫或虫胚中毒致死。具有这种作用方式的农药如烟碱。

（6）生产调节　农药促进或抑制植物生长发育。具有这种作用方式的农药如赤霉酸。

2. 农药的特异性作用方式

（1）引诱　农药刺激有害生物，产生聚集趋向反应。具有这种作用方式的农药如丁香酚。

（2）驱避　农药使有害生物感觉器官难以忍受而离去。具有这种作用方式的农药如印楝素、桉油精。

（3）拒食　农药抑制昆虫等有害生物味觉感受器，影响对嗜好食物的识别，使其找不到食物或憎恶食物，定向离开，直至饥饿死亡。具有这种作用方式的农药如印楝素。

（4）不育　农药干扰和破坏昆虫等有害生物生殖细胞，使昆虫不育。具有这种作用方式的农药如印楝素。

（5）昆调　农药通过抑制几丁质生物合成，使昆虫等有害生物不能蜕皮或发挥其他作用，使昆虫等有害生物死亡。具有这种作用方式的农药如印楝素。

（6）捕食　农药（活体动物源生物农药）捕捉并吃掉昆虫等有害生物。具有这种作用方式的农药如平腹小蜂、松毛虫赤眼蜂。

（7）寄生　农药（活体生物农药）依附在有害生物体表或体内，靠吸收寄生营养大量繁殖，有的还释放毒素，使有害生物失去正常生理功能而死亡。具有这种作用方式的农药如木霉菌。

（8）植健　德国巴斯夫公司在我国率先取得"防治对象——植物健康作用"的登记。

二、杀菌剂作用方式

杀菌剂的作用方式共有内吸、触杀、熏蒸、寄生、植健等5种。

1. 杀菌剂的传统性作用方式

（1）内吸　能从施药部位被作物吸收进入其体内，并能在体内由此及彼传导至未接触到药剂的部位甚至整个植株，从而发挥效力。具有这种作用方式的如多菌灵、甲霜灵、甲基硫菌灵。内吸性的治疗剂，不仅能够治疗已被病原物侵染的组织，还能保护新生组织免受病原物侵染。

内吸作用按药剂运行方向分为2种。一种是向顶性内吸作用，杀菌剂在作物体内由基部向顶部运转传导，主要是向叶片运转（施于叶片的基部而向叶前缘运转也属于向顶性内吸作用），例如25％丙环唑乳油可被作物根、茎、叶吸收，并能很快地向上传导。另一种是向基性内吸作用，杀菌剂在作物体内由顶部或地上部向基部或地下部运转传导，主要是向根系运转（茎秆中也会含有药剂，因此对于危害茎秆和根部的病害也有效）。

向顶性内吸作用是内吸作用的主要作用方式，例如噻菌灵是内吸性杀菌剂，根施时能向顶传导，但不能向基传导。有的杀菌剂能双向传导，例如甲霜灵。

（2）触杀　与病原菌体表接触，进入其体内，从而发挥效力。具有这种作用方式的如百菌清、咯菌腈、异菌脲、代森锰锌、乙烯菌核利、双胍辛烷苯基磺酸盐。

（3）熏蒸　嘧霉胺同时具有内吸传导和熏蒸作用，施药后有效成分迅速到达作物的花、幼果等喷雾无法到达的部位杀死病菌，药效更快更稳定。

2. 杀菌剂的特异性作用方式

（1）寄生　木霉菌在防治中起到5方面的作用。一是拮抗作用，木霉菌通过产生小分子的抗生素和大分子的抗菌蛋白或胞壁降解酶类来抑制病原菌的生长、繁殖和侵染。木霉菌在抗生和菌寄生中，可产生几丁质酶、β-1,3-葡聚糖酶、纤维素酶和蛋白酶来分解植物病原真菌的细胞壁或分泌葡萄糖苷酶等胞外酶来降解病原菌产生的抗生毒素。同时，木霉菌还分泌抗菌蛋白或裂解酶来抑制植物病原真菌的侵染。二是竞争作用，木霉菌可以通过快速生长和繁殖而夺取水分和养分，占有空间，消耗氧气等，以致削弱和排除同一生境中的灰霉病病原物。三是重寄生作用，木霉菌会在特定环境里形成腐霉，对灰霉病菌具有重寄生作用，它进入寄主菌丝后形成大量的分枝和有性结构，因而能抑制葡萄灰霉病症状的出现。四是诱导抗性，木霉菌可以诱导寄主植物产生防御反应，不仅能直接抑制灰葡萄孢的生长和繁殖，而且能诱导作物产生自我防御系统获得抗病性。五是促生作用，实验发现，木霉菌在使用过程中，不仅能控制灰霉病的发生，而且能增加种子的萌发率、根和苗的长度以及植株的活力。

（2）植健　德国巴斯夫开发的 25％吡唑醚菌酯乳油在我国率先取得"作物（或范围）——玉米、大豆，防治对象——植物健康作用"的登记，其产品标签上注明，"吡唑醚菌酯可改善作物品质，增加叶绿素含量，增强光合作用，降低植物呼吸作用，增加碳水化合物积累。提高硝酸还原酶活性，增加氨基酸及蛋白质的积累，提高作物对病菌侵害的抵抗力。促进超氧化物歧化酶的活性，提高作物的抗逆能力，如干旱、高温和冷凉。提高坐果率、果品甜度及胡萝卜素含量，抑制乙烯合成，延长果品保存期，并增加产量和单果重量"。该产品登记证号为 PD20080464。

三、杀菌剂作用结果

对作物而言，使用杀菌剂表现为保护作用、治疗作用 2 种结果。

（1）治疗作用　在病原物侵染作物之后或作物发病之后使用杀菌剂，抑制病原物生长发育或致病过程，使病害停止发展或使作物恢复健康。

根据作用部位的不同，治疗作用分为 3 种。一是内部治疗作用。杀菌剂能进入作物体内并传导到其他部位，对病原物直接产生毒力或影响作物代谢，抑制病原物的致病过程，使病害减轻或消除。内吸性杀菌剂大都有治疗作用（三环唑是具有较强内吸性的保护性杀菌剂），而且内吸性杀菌剂大多有保护、治疗双重作用。二是外部治疗作用。用刀子将被病原物侵染的茎秆病部刮去，然后用杀菌剂消毒，再涂上保护剂（有时也用具有渗透或内吸作用的杀菌剂直接涂在刮去表皮的病部）或防水剂，以防止病原物再次侵染。外部治疗作用又称局部治疗作用。三是表面治疗作用。杀菌剂能杀死附着于作物植株或种子表面的病原物，或者抑制病原物生长发育，例如硫黄防治白粉病就是一种表面治疗作用（白粉病是以吸孢深入作物表面组织危害的，孢子大部分裸露在叶片表面，只要杀死叶面的孢子，就能达到治疗目的）。

（2）保护作用　在病原物侵染作物之前使用杀菌剂，使作物免受病原物侵染危害。

发挥保护作用，途径有 2 条：一是在病原物侵染作物之前，把杀菌剂施用在作物表面，使形成一层药膜，防止病原物侵染；二是用杀菌剂消灭病害侵染源。

使用保护剂，处理方式有 3 种。一是作物表面处理。在病原物侵染作物之前，把杀菌剂施用在作物表面，使形成一层药膜，使作物免受病原物侵染危害，尤其对气流传播病害最为有效。二是种子苗木处理。在作物播栽之前，用杀菌剂对种子苗木进行处理，防治种传病害，使作物免受病原物侵染危害，例如三唑酮拌种防治禾谷类黑穗病，甘薯幼苗浸蘸多菌灵药液防治苗期病害，三环唑药液浸秧（水稻移栽前进行）防治本田期叶瘟。三是侵染源头处理。对病原物越冬场所和中间寄主等进行杀菌剂处理，也常是保护作物免受病原物侵染危害的重要方法。为了提高效果，所用杀菌剂应有较长的持效期。

有的资料将杀菌剂的作用结果分为 3 种：保护作用、治疗作用、铲除作用。这里的治疗作用，相当于笔者所说的内部治疗作用和表面治疗作用；这里的铲除作用，相当于笔者所说的外部治疗作用。

一般将杀菌剂的作用结果分为 4 种：保护作用、治疗作用、铲除作用、抗产孢作用。抗产孢作用是杀菌剂抑制病原物繁殖，阻止发病部位形成新的繁殖体，从而控制病害流行危害，例如嘧菌酯、三唑酮、丙环唑等可以强烈抑制白粉病菌分生孢子形成，嘧菌酯等强烈抑制卵菌的孢子囊形成，三环唑等强烈抑制稻瘟病病斑上分生孢子形成。大多数传统作用位点杀菌剂只有保护作用和局部或表面铲除作用；现代杀菌剂往往具备多种作用，例如三唑酮、丙环唑等除了具有极好的治疗作用外，还有较好的抗产孢作用和保护作用，又如嘧菌酯除了具有极好的保护作用外，还有很好的铲除作用和抗产孢作用。有的资料还讲到杀菌剂的化学免疫作用，它是利用化学物质使被保护作物获得对病原菌的抵御能力。目前比较肯定的具有化学免疫功能的化合物有 2,2-二氯-3,3-二甲基环丙羧酸、三乙膦酸铝、噻瘟唑等 3 种化合物，其中噻瘟唑是最典型的化学免疫剂，用它处理水稻植株可诱导产生几种抗菌物质使水稻获得抗稻瘟病的能力。

四、杀菌剂作用效力

对病原物而言，使用杀菌剂表现为抑菌作用（多数内吸性杀菌剂表现为抑菌作用）、杀菌作用（多数触杀性杀菌剂表现为杀菌作用）2 种效力。作用效力除了与杀菌剂特性有关，常与杀菌剂的使用浓度和作用时间长短有关。同一种杀菌剂因使用浓度或接触病原物时间不同可能有不同的作用效力，例如 $5\mu g/mL$ 的苯菌灵可抑制一些黑霉菌的生长，对孢子萌发没有影响，但延长作用时间到 1h 后就会将孢子杀死。

（1）抑菌作用　抑制病原物生命活动的某一过程，而非把病原物杀死，例如杀菌剂存在时孢子不萌发，杀菌剂消除后仍能恢复生命。多数内吸性杀菌剂表现为抑菌作用。作用机制主要表现为抑制病原物体内生物合成过程，抑制范围包括抑制病菌孢子、子囊壳、分生孢子、子囊孢子、附着孢、吸孢的形成，抑制细胞壁形成，抑制有丝分裂，抑制菌丝生长等。病原物在受抑制的一定时间内，会失去致病力，而作物则继续生长，避开感病期。

（2）杀菌作用　真正把病原物杀死，病原物不再成活。从中毒表现看，主要是孢子不能萌发。作用机制主要是影响病原物体内的生物氧化作用。

第四节 | 杀菌剂登记规定 >>>

我国农药登记工作始于 1982 年。是年 4 月 10 日，农业部等六部委联合发布《农药登记规定》，同年 10 月 1 日起开始执行。1982

年 9 月 1 日农业部发布《农药登记规定实施细则》，自 10 月 1 日起开始执行。1992 年农业部发布首个综合性技术资料准则《农药登记资料要求》。2001 年农业部进一步修订发布《农药登记资料要求》。2007 年再次修订发布的《农药登记资料规定》，首次将登记技术要求上升为部门规章（农业部令第 10 号），对各类农药的登记资料要求规定更为全面翔实。

2017 年 2 月 8 日是一个值得中国农药行业纪念的日子，国务院第 164 次常务会议通过《农药管理条例（修订草案）》；3 月 16 日以国务院令第 677 号公布修订后的《农药管理条例》；4 月 1 日对外发布，自 2017 年 6 月 1 日起施行。农药入市，登记先行，新条例对农药登记做了重大修改，例如取消临时登记，农药生产企业、向中国出口农药的企业、新农药研制者等 3 类主体都可申请登记，等等。

2017 年 6 月 21 日农业部以部令第 3 号、第 4 号、第 5 号、第 6 号、第 7 号密集发布与新条例配套的 5 个规章：《农药登记管理办法》《农药生产许可管理办法》《农药经营许可管理办法》《农药登记试验管理办法》《农药标签和说明书管理办法》。这些规章均自 2017 年 8 月 1 日起施行。

我国杀菌剂发展迅速，在申报登记的农药产品总数中所占比例逐年上升。近年农作物病害发生越来越重，杀菌剂用量呈逐年递增趋势，在农药三大类中的比重逐渐加大。

1990 年我国生产的杀菌剂有效成分 40 种，约占农药品种的 27%；1998 年有效成分达 80 余种，登记产品 1100 多个；2004 年有效成分达 90 多种。

2007 年底国家发布农药管理六项规定之后，杀菌剂登记出现井喷现象。2008 年新增登记杀菌剂产品 1652 个；2009～2011 年共新增登记 3303 个（三年分别为 2215 个、628 个、460 个），新增有效成分 57 种，新增杀菌剂制剂企业 324 家；2012 年新增 700 余个；2013 年新增 900 余个。

截至 2012 年 12 月 31 日，获准我国农业部登记的有效期内产品 27273 个，其中原药 3116 个、制剂 24157 个；涉及企业 2370 家

（国内企业 2264 家，国外企业 106 家），有效成分 631 个（杀菌剂杀线虫剂 168 种）。到 2013 年底我国杀菌剂登记状况见表 1-5。

表 1-5　我国杀菌剂登记状况

项目		单位	2013 年	1993 年	
				国产	进口
品种	单剂品种（有效成分）	个	186		
	混剂品种（混剂组合）	个	363		
	合计	个	549		
产品	原药	个	642	27	
	制剂	个	6317	139	48
	合计	个	6959	166	48
厂家	境内企业	个	1030		
	境外企业	个	50		
	合计	个	1080		
剂型		种	＞35		
登记作物		种	85		
防治对象		种	302		

（1）成分　在 2013 年底前获准登记的杀菌剂产品中，出现频率最高的前 10 名有效成分为代森锰锌、甲基硫菌灵、苯醚甲环唑、戊唑醇、硫黄、井冈霉素、丙环唑、烯酰吗啉、百菌清、咪鲜胺。2016 年 7 月 16 日查询中国农药信息网，含上述 10 种成分的产品分别达 877 个、503 个、578 个、563 个、312 个、285 个、390 个、315 个、275 个、360 个；含嘧菌酯的产品 437 个，含醚菌酯 284 个，含吡唑醚菌酯的 135 个。

（2）剂型　在 2013 年底前获准登记的杀菌剂产品中，出现频率最高的前 10 种剂型为可湿性粉剂、悬浮剂、乳油、水剂、水分散粒剂、水乳剂、悬浮种衣剂、可溶粉剂、悬乳剂、烟剂，其制剂产品个数分别为 3192 个、865 个、683 个、426 个、350 个、180 个、142 个、105 个、98 个、77 个，共计 6118 个，占制剂总数 6317 个的 96.8%（其中前 3 种剂型的制剂 4740 个，含制剂总数的 75%）。

（3）病害　在 2013 年底前获准登记的杀菌剂产品中，登记用于防治黄瓜霜霉病的产品多达 762 个，防治水稻稻瘟病的 671 个，水稻纹枯病 579 个，梨树黑星病 431 个，小麦白粉病 338 个，番茄早疫病 316 个，苹果半点落叶病 294 个，苹果轮纹病 280 个，橡胶叶斑病 274 个，黄瓜白粉病 241 个，小麦赤霉病 224 个，葡萄霜霉病 147 个，番茄灰霉病 136 个，水稻立枯病 125 个，棉花苗期立枯病 122 个，花生叶斑病 122 个，苹果炭疽病 114 个，西瓜炭疽病 102 个。杀菌剂登记作物已逾 85 种，防治对象逾 302 种。

截至 2016 年底，我国农药登记产品共 35604 个、有效成分 665 种；涉及生产企业 2218 家（境外企业 111 家），其中原药企业 760 家（境外企业 75 家）。在所有登记产品中，正式登记 34236 个（原药 4163 个），临时登记 869 个（登记 45 个），分装登记 499 个。杀虫剂、杀菌剂、除草剂是登记热点，占登记总数的 89.7%，其中杀虫剂登记数量居首位，共 14233 个（原药 1308 个），约占登记总数的 40%；杀菌剂登记 9121 个（原药 959 个），约占 26%；除草剂登记 8584 个（原药 1553 个），约占 24%。

第五节 | 杀菌剂标签解读 ▶▶▶

在中国境内经营、使用的农药产品应当在包装物表面印制或者贴有标签。2017 年 6 月 21 日农业部以部令第 7 号公布的《农药标签和说明书管理办法》（自 2017 年 8 月 1 日起施行。此前 2007 年 12 月 8 日农业部公布的《农药标签和说明书管理办法》同时废止）第三条规定，本办法所称标签和说明书，是指农药包装物上或附于农药包装物的，以文字、图形、符号说明农药内容的一切说明物。农药标签过小，无法标注规定全部内容的，应当至少标注农药名称、有效成分含量、剂型、农药登记证号、净含量、生产日期、质量保证期等内容，同时附具说明书。说明书应当标注规定的全部内容。登记的使用范围较多，在标签中无法全部标注的，可以根据需要，在标签中标注部分使用范围，但应当附具说明书并标注全部使用范围。

农药登记申请人应当在申请农药登记时提交农药标签样张及电

子文档。附具说明书的农药，应当同时提交说明书样张及电子文档。农药标签和说明书由农业部核准。农业部在批准农药登记时公布经核准的农药标签和说明书的内容、核准日期。产品毒性、注意事项、技术要求等与农药产品安全性、有效性有关的标注内容经核准后不得擅自改变，许可证证书编号、生产日期、企业联系方式等产品证明性、企业相关性信息由企业自主标注，并对真实性负责。农药登记证持有人变更标签或者说明书有关产品安全性和有效性内容的，应当向农业部申请重新核准。农业部应当在三个月内作出核准决定。农业部根据监测与评价结果等信息，可以要求农药登记证持有人修改标签和说明书，并重新核准。农药登记证载明事项发生变化的，农业部在作出准予农药登记变更决定的同时，对其农药标签予以重新核准。

标签和说明书的内容应当真实、规范、准确，其文字、符号、图形应当易于辨认和阅读，不得擅自以粘贴、剪切、涂改等方式进行修改或者补充。标签和说明书应当使用国家公布的规范化汉字，可以同时使用汉语拼音或者其他文字。其他文字表述的含义应当与汉字一致。汉字的字体高度不得小于 1.8mm。

一、标签的格式规定

农药标签应当标注 11 方面的内容。

除规定内容外，下列农药标签标注内容还应当符合相应要求。其一原药（母药）产品应当注明"本品是农药制剂加工的原材料，不得用于农作物或者其他场所"，且不标注使用技术和使用方法。但是，经登记批准允许直接使用的除外。其二限制使用农药应当标注"限制使用"字样，并注明对使用的特别限制和特殊要求。其三用于食用农产品的农药应当标注安全间隔期，但属于第十八条第三款所列情形的除外。其四杀鼠剂产品应当标注规定的杀鼠剂图形。其五直接使用的卫生用农药可以不标注特征颜色标志带。其六委托加工或者分装农药的标签还应当注明受托人的农药生产许可证号、受托人名称及其联系方式和加工、分装日期。其七向中国出口的农药可以不标注农药生产许可证号，应当标注其境外生产地，以及在中国设立的办事机构或者代理机构的名称及联系方式。

跟 2007 年《农药标签和说明书管理办法》相比，新增标注内容有五点。其一是可追溯电子信息码。其二是限制使用农药还应当标注"限制使用"字样，以红色标注在农药标签正面右上角或者左上角，并与背景颜色形成强烈反差，其单字面积不得小于农药名称的单字面积。并注明对使用的特别限制和特殊要求，如注明施药后设立警示标志，明确人畜允许进入的间隔时间。其三是贮存和运输方法应当标明"置于儿童接触不到的地方""不能与食品、饮料、粮食、饲料等混合贮存"等警示内容。其四是不得使用未经注册的商标，使用注册商标也应标注在标签的四角，所占面积不得超过标签面积的九分之一，其文字部分的单字面积不得大于农药名称的单字面积。其五是不得标注虚假、误导使用者的内容。

1. 农药名称、剂型、有效成分及其含量

（1）农药名称　农药名称分为通用名称、化学名称、商标名称、试验代号、其他名称。农药通用名称应引用国家标准 GB 4839—2009《农药中文通用名称》规定的名称，尚未制定国家标准的，应向由农药登记审批部门指定的有关技术委员会申请暂用名称或建议名称。农药国际通用名称执行国际标准化组织（ISO）批准的名称。暂无规定通用名称或国际通用名称的，可使用备案的建议名称。标签上的农药名称应当与农药登记证的农药名称一致。

单剂的通用名称，字数最少的仅 1～2 个，如碘、硫黄、田安，多的有 10 来个，如荧光假单胞菌、双胍三辛烷基苯磺酸盐、甲基营养型芽孢杆菌 9912。

混剂的简化通用名称，字数 5 个以下，如多・硫、福・甲・硫黄、氟菌・肟菌酯。各有效成分名称之间插入间隔号（以圆点"・"表示，中实点，半角），以反映几元混配制剂。

农药名称应当显著、突出，字体、字号、颜色应当一致，并符合以下要求：对于横版标签，应当在标签上部三分之一范围内中间位置显著标出；对于竖版标签，应当在标签右部三分之一范围内中间位置显著标出；不得使用草书、篆书等不易识别的字体，不得使用斜体、中空、阴影等形式对字体进行修饰；字体颜色应当与背景

颜色形成强烈反差；除因包装尺寸的限制无法同行书写外，不得分行书写。除"限制使用"字样外，标签其他文字内容的字号不得超过农药名称的字号。

标签使用注册商标的，应当标注在标签的四角，所占面积不得超过标签面积的九分之一，其文字部分的字号不得大于农药名称的字号。不得使用未经注册的商标。

（2）剂型　农药剂型名称应引用《农药剂型名称及代码》（GB/T 19378—2003）规定的名称，例如 18％草铵膦可溶液剂标注"剂型：可溶液剂"。应当醒目标注在农药名称的正下方（横版标签）或者正左方（竖版标签）相邻位置（直接使用的卫生用农药可以不再标注剂型名称），字体高度不得小于农药名称的二分之一。

（3）有效成分及其含量　单剂标注所含一种有效成分的"有效成分含量"，例如 17％氟吡呋喃酮可溶液剂标注"有效成分含量：17％"。混剂标注"总有效成分含量"、各有效成分的中文通用名称及其含量，例如 43％氟菌·肟菌酯悬浮剂标注"总有效成分含量：43％，肟菌酯含量：21.5％，氟吡菌酰胺含量：21.5％"。

有效成分及其含量应当醒目标注在农药名称的正下方（横版标签）或者正左方（竖版标签）相邻位置（直接使用的卫生用农药可以不再标注剂型名称），字体高度不得小于农药名称的二分之一。字体、字号、颜色应当一致。

2. 农药登记证号、农药产品质量标准号、农药生产许可证号

这三种证件合称农药"三证"。向中国出口的农药可以不标注产品质量标准号和农药生产许可证号，即标签上只有"一证"。

（1）农药登记证号　新条例取消了临时登记、分装登记、续展登记，只保留一个登记（即原来的正式登记），统一为农药登记。普通农药的登记类别代码为 PD，卫生用农药的代码为 WP，仅供境外使用农药的代码为 JD。农药登记证应当载明农药名称、剂型、有效成分及其含量、毒性、使用范围、使用方法和剂量、登记证持有人、登记证号以及有效期等事项。农药登记证有效期为 5 年。

此前的农药登记证号以 PD（汉字"品""登"的声母）或 PDN、WP 打头，农药临时登记证号以 LS（汉字"临""时"拼音的第一个字母)、WL打头。农药临时登记证有效期为1年，可以续展，累积有效期不得超过3年（原来规定为4年）。农药登记证有效期为5年，可以续展。分装登记证号系在原大包装产品的登记证号后接续编号。

(2) 农药产品质量标准号　农药生产企业应当严格按照产品质量标准进行生产，确保农药产品与登记农药一致。农药出厂销售，应当经质量检验合格并附具产品质量检验合格证。产品标准号以GB或Q等打头。农药标准有国家标准、行业标准、企业标准之分。

(3) 农药生产许可证号　农药生产许可证应当载明农药生产企业名称、住所、法定代表人（负责人）、生产范围、生产地址以及有效期等事项。农药生产许可证有效期为5年。取消工信部、质检总局实施的对农药生产企业设立审批和"一个产品一证"生产许可，实行"一个企业一证"，生产范围原药按品种填写，制剂按剂型填写，并区分化学农药和非化学农药。此前的农药生产许可证号以XK打头，农药生产批准证号以HNP打头。

3. 农药类别及其颜色标志带、产品性能、毒性及其标识

(1) 农药类别及其颜色标志带　农药类别应当采用相应的文字和特征颜色标志带表示。不同类别的农药采用在标签底部加一条与底边平行的、不褪色的特征颜色标志带表示。除草剂用"除草剂"字样和绿色带表示；杀虫（螨、软体动物）剂用"杀虫剂""杀螨剂""杀软体动物剂"字样和红色带表示；杀菌（线虫）剂用"杀菌剂"或者"杀线虫剂"字样和黑色带表示；植物生长调节剂用"植物生长调节剂"字样和深黄色带表示；杀鼠剂用"杀鼠剂"字样和蓝色带表示；杀虫/杀菌剂用"杀虫/杀菌剂"字样、红色和黑色带表示。农药类别的描述文字应当镶嵌在标志带上，颜色与其形成明显反差。其他农药可以不标注特征颜色标志带。

(2) 产品性能　产品性能主要包括产品的基本性质、主要功能、作用特点等。对农药产品性能的描述应当与农药登记批准的使用范围、使用方法相符。

(3) 毒性及其标识　毒性分为剧毒、高毒、中等毒、低毒、微毒等 5 个级别。标识应当为黑色，描述文字应当为红色。由剧毒、高毒农药原药加工的制剂产品，其毒性级别与原药的最高毒性级别不一致时，应当同时以括号标明其所使用的原药的最高毒性级别。毒性及其标识应当标注在有效成分含量和剂型的正下方（横版标签）或者正左方（竖版标签），并与背景颜色形成强烈反差。

4. 使用范围、使用方法、剂量、使用技术要求和注意事项

（1）使用范围　使用范围主要包括适用作物或者场所、防治对象。不得出现未经登记批准的使用范围或者使用方法的文字、图形、符号。

（2）使用方法　使用方法是指施用方式。

（3）使用剂量　使用剂量以每亩（1 亩 $= 666.67 \text{m}^2$）使用该产品的制剂量或者稀释倍数表示。种子处理剂的使用剂量采用每 100kg 种子使用该产品的制剂量表示。特殊用途的农药，使用剂量的表述应当与农药登记批准的内容一致。

（4）使用技术要求　使用技术要求主要包括施用条件、施药时期、次数、最多使用次数，对当茬作物、后茬作物的影响及预防措施，以及后茬仅能种植的作物或者后茬不能种植的作物、间隔时间等。限制使用农药，应当在标签上注明施药后设立警示标志，并明确人畜允许进入的间隔时间。安全间隔期及农作物每个生产周期的最多使用次数的标注应当符合农业生产、农药使用实际。下列农药标签可以不标注安全间隔期：用于非食用作物的农药；拌种、包衣、浸种等用于种子处理的农药；用于非耕地（牧场除外）的农药；用于苗前土壤处理剂的农药；仅在农作物苗期使用一次的农药；非全面撒施使用的杀鼠剂；卫生用农药；其他特殊情形。"限制使用"字样，应当以红色标注在农药标签正面右上角或者左上角，并与背景颜色形成强烈反差，其字号不得小于农药名称的字号。安全间隔期及施药次数应当醒目标注，字号大于使用技术要求其他文字的字号。

（5）注意事项　注意事项应当标注以下内容：对农作物容易产生药害，或者容易使病虫产生抗性的，应当标明主要原因和预防方法；对人畜、周边作物或者植物、有益生物（如蜜蜂、鸟、蚕、蚯蚓、天敌及鱼、水蚤等水生生物）和环境容易产生不利影响的，应当明确说明，并标注使用时的预防措施、施用器械的清洗要求；已知与其他农药等物质不能混合使用的，应当标明；开启包装物时容易出现药剂撒漏或者人身伤害的，应当标明正确的开启方法；施用时应当采取的安全防护措施；国家规定禁止的使用范围或者使用方法等。

5. 中毒急救措施

中毒急救措施应当包括中毒症状及误食、吸入、眼睛溅入、皮肤沾附农药后的急救和治疗措施等内容。有专用解毒剂的，应当标明，并标注医疗建议。剧毒、高毒农药应当标明中毒急救咨询电话。

6. 贮存和运输方法

贮存和运输方法应当包括贮存时的光照、温度、湿度、通风等环境条件要求及装卸、运输时的注意事项，并标明"置于儿童接触不到的地方""不能与食品、饮料、粮食、饲料等混合贮存"等警示内容。

7. 生产日期、产品批号、质量保证期、净含量

生产日期应当按照年、月、日的顺序标注，年份用四位数字表示，月、日分别用两位数字表示。产品批号包含生产日期的，可以与生产日期合并表示。质量保证期应当规定在正常条件下的质量保证期限，质量保证期也可以用有效日期或者失效日期表示。

8. 农药登记证持有人名称及其联系方式

联系方式包括农药登记证持有人、企业或者机构的住所和生产地的地址、邮政编码、联系电话、传真等。除规定应当标注的农药登记证持有人、企业或者机构名称及其联系方式之外，标签不得标注其他任何企业或者机构的名称及其联系方式。

9. 可追溯电子信息码

可追溯电子信息码应当以二维码等形式标注，能够扫描识别农药名称、农药登记证持有人名称等信息。信息码不得含有违反本办法规定的文字、符号、图形。可追溯电子信息码格式及生成要求由农业部另行制定。

10. 象形图

象形图包括储存象形图、操作象形图、忠告象形图、警告象形图。象形图应当根据产品安全使用措施的需要选择，并按照产品实际使用的操作要求和顺序排列，但不得代替标签中必要的文字说明。象形图应当用黑白两种颜色印刷，一般位于标签底部，其尺寸应当与标签的尺寸相协调。

11. 农业部要求标注的其他内容

农业部根据监测与评价结果等信息，可以要求农药登记证持有人修改标签和说明书，并重新核准。农药登记证载明事项发生变化的，农业部在作出准予农药登记变更决定的同时，对其农药标签予以重新核准。标签和说明书不得标注任何带有宣传、广告色彩的文字、符号、图形，不得标注企业获奖和荣誉称号。法律、法规或者规章另有规定的，从其规定。

二、杀菌剂含量标注

含量＝有效成分的量÷产品的量。公式中，分子采用质量单位（g、kg），分母采用质量单位或体积单位（mL、L）。分子和分母所用计量单位的类型一般用文字加以说明或者用符号作出批注，如60％丁草胺乳油（质量/体积）。早些年，农药的含量根据计量单位可分为质量/质量含量、质量/体积含量，根据计算方式可分为百分含量、比值含量；由于多数农药产品的密度不等于 $1g/cm^3$（相对密度不为1，相对密度过去称为比重），因此其质量/质量含量与质量/体积含量的数值不同，见表1-6。

表1-6　除草剂丙草胺乳油四种含量的类型与数值

含量的表示方法		有效成分和产品的计量单位	含量的数值
质量/质量	百分含量	g/g、kg/kg	28.9％
质量/体积		g/mL、kg/L	30％
质量/质量	比值含量	g/kg	289
质量/体积		g/L	300

农药含量是农药产品质量标准中最重要的技术指标之一。含量

又叫有效含量、有效成分含量，指单位质量或单位体积的农药产品中所含某一种或某几种有效成分的量，例如1000mL嘧菌酯悬浮剂中含有效成分250g，其质量/体积百分含量为25%（250÷1000×100%），质量/体积比值含量为250g/L。农药原药的含量又称纯度。

农业部2002年11月5日发布、2002年12月20日实施的《农药产品标签通则》规定："农药产品的有效成分含量通常采用质量分数（%）表示，也可采用质量浓度（g/L）表示。"这条规定很"笼统"，没有"细说"。

农业部农药检定所2005年发布的《关于规范农药产品有效成分含量表示方法的通知》（农药检（药政）〔2005〕24号）则明确规定："原药（包括母药）及固体制剂有效成分含量统一以质量分数表示。液体制剂有效成分含量原则上以质量分数表示。产品需要以质量浓度表示时，应用'g/L'表示，不再使用'%（重量/容量）'表示，并在产品标准中同时规定有效成分的质量分数。当发生质量争议时，结果判定以质量分数为准。两种表示方法的转换，应根据在产品标准规定温度下实际测得的每毫升制剂的质量数进行换算。"

农业部2007年《农药管理六项新规定问答》进一步细化道："农药产品的有效成分含量通常采用质量分数（%）表示，也可采用质量浓度（g/L）表示，特殊农药可用其特定的通用单位表示。一般来说，固体产品以质量分数（%）表示，如代森锰锌（80%可湿性粉剂）、吡虫啉（10%可湿性粉剂）。液体产品可采用质量分数（%）表示，如阿维菌素（0.9%乳油）；也可采用单位体积质量（g/L）表示，如阿维菌素（18g/L乳油）。对于少数特殊农药，根据产品的特殊性，采用其特定的通用单位表示。如枯草芽孢杆菌等产品采用个活芽孢/mL表示等。"

目前我国杀菌剂含量的表示方法共有5种。

（1）百分含量　百分含量=有效成分的质量÷产品的质量或体积×100%。公式中，分子采用质量单位（g、kg），分母采用质量单位（g、kg）或体积单位（mL、L）。分子和分母所用计量单位的类型一般用文字加以说明或者用符号作出批注。因此，百分含量根据计量单位类型可分为质量/质量百分含量、质量/体积百分含量。质量/质量百分含量就是通常所说的质量分数含量，用"…%"表示。

（2）比值含量　比值含量＝有效成分的质量÷产品的质量或体积。公式中，分子采用质量单位（g），分母采用质量单位（kg）或体积单位（L）。分子和分母所用计量单位的类型一般用文字加以说明或者用符号作出批注。因此，比值含量根据计量单位类型可分为质量/质量比值含量、质量/体积比值含量。质量/体积比值含量就是通常所说的质量浓度、单位体积质量，用"g/L"表示。

（3）比数含量　比数含量＝有效成分的数量÷产品的质量或体积。例如 2 亿个/g 木霉菌可湿性粉剂、5 亿个活芽孢/g 荧光假单胞菌可湿性粉剂、10000 个/mL 枯草芽孢杆菌悬浮种衣剂、10 亿/mL 荧光假单胞菌水剂、100 亿孢子/mL 绿僵菌油悬浮剂，参 LS99952 和 LS20030189 等。

（4）效价含量　采用效价含量的杀菌剂如 8000IU/mg 苏云金杆菌可湿性粉剂、1000 万毒价/mL D 型肉毒梭菌毒素水剂、30 亿 OB/g 黏虫颗粒体病毒·100 亿活芽孢苏云金杆菌可湿性粉剂、1 万 PIB/mg 菜青虫颗粒体病毒·16000 IU/mg 苏云金杆菌可湿性粉剂。

IU 是国际单位（international unit）的缩写，常在医用药品中使用（如维生素、激素、抗生素、抗毒素类生物制品等）。因为这些药物的化学成分不恒定或至今还不能用理化方法检定其质量规格，往往采用生物实验方法并与标准品加以比较来检定其效价。通过这种生物检定，具有一定生物效能的最小效价单元就叫"单位"（u）；经由国际协商规定出的标准单位，称为"国际单位"（IU）。一个"单位"或一个"国际单位"可以有其相应的重量，但有时也较难确定。单位与质量的换算在不同的药物是各不相同的。注意 IU 不是质量单位，与 g 没有直接换算关系。

CFU 是菌落形成单位（colony forming unit）的缩写，例如 10 亿 CFU/g 多黏类芽孢杆菌可湿性粉剂，参 LS20110203。

（5）波美含量　把波美比重计浸入所测溶液中，得到的度数叫波美度，符号为°Bé。波美比重计有两种：一种叫重表，用于测量比水重的液体；另一种叫轻表，用于测量比水轻的液体。当测得波美度后，从相应化学手册的对照表中可以方便地查出溶液的质量百分比浓度。波美度在农药上一般用来表示石硫合剂的浓度。

三、杀菌剂剂型种类

杀菌剂产品有 3 种形态：原药、母药、成药。成药通常称为制剂。市面上销售和生产上使用的商品杀菌剂以成药居多。

国家标准 GB/T 19378—2003《农药剂型名称及代码》规定了120 个农药产品（包括原药和制剂）的剂型名称及代码，涵盖了当时国内现有的农药剂型、国际上大多数农用剂型和卫生杀虫剂的剂型。该标准发布后新增剂型有可分散油悬浮剂、微囊悬浮-悬浮剂、微囊悬浮-水乳剂、微囊悬浮-悬乳剂、种子处理微囊悬浮-悬浮剂、乳粒剂、乳粉剂等，参《农药登记管理术语》。除了可湿性粉剂还带"性"字外，其他剂型名称都不再带"性"字。2009 年 2 月 13日工业和信息化部发布工原（2009）第 29 号公告，规定"自 2009年 8 月 1 日起，不再颁发农药乳油产品生产批准证书"，乳油产品发证大门关闭达 5 年之久。2015 年发证大闸重新开启，已有 8 个乳油产品新获得了农药生产批准证书，但一定要按照《农药乳油中有害溶剂限量》标准进行溶剂筛选和使用。

2015 年 3 月 24 日，农业部农药检定所发布关于征求《农药剂型名称及代码》（征求意见稿）修订意见的通知，公开征求修订意见。本着便于区分、不易混淆和适用性强的原则，本标准对剂型的设定进行优化、整合和精炼，淘汰落后和无商品流通的剂型，取消功能性和使用方式的剂型，对国际上已调整和修改的剂型做了修订。该标准规定了 73 个农药剂型的名称及代码，取消或合并 65 个剂型，新增加 4 个剂型，涵盖了国内现有的农药剂型，包括国际上绝大多数农用剂型和卫生用剂型。对国际组织和其他国家没有制定的剂型名称及代码，按我国农药剂型命名原则，参考国际命名规律及不重叠的惯例，制定我国新增剂型的中英文名称、代码，并加以说明。

先后获得农业部登记的杀菌剂剂型逾 30 种（按照《农药剂型名称及代码》GB/T 19378—2003 和《农药登记管理术语》NY/T 1667.2—2008 中的剂型种类进行统计）。在 2013 年底前获准登记的杀菌剂产品中，出现频率最高的前 10 种剂型为可湿性粉剂、悬浮剂、乳油、水剂、水分散粒剂、水乳剂、悬浮种衣剂、可溶粉剂、悬乳剂、烟剂，其制剂产品个数分别为 3192 个、865 个、683 个、426 个、350 个、180 个、142 个、105 个、98 个、77 个，共计 6118 个，占制剂总数 6317 个的 96.8%（其中前 3 种剂型的制剂 4740 个，含制剂总数的 75%）。

四、杀菌剂毒性分级

《农药登记资料》规定，农药产品的毒性级别按产品的急性毒性进行分级，见表 1-7。由剧毒、高毒农药原药加工的制剂产品，当产品的毒性级别与其使用的原药的最高毒性级别不一致时，应当用括号标明其所使用的原药的最高毒性级别，例如杀虫剂 10%阿维·氟酰胺悬浮剂标签上毒性标识为"◇（原药高毒）"。从总体上来说，杀菌剂毒性低，绝大多数产品为低毒或中等毒。

表 1-7　农药产品毒性分级及标识

毒性分级	级别符号语	经口半数致死量/(mg/kg)	经皮半数致死量/(mg/kg)	吸入半数致死浓度/(mg/m³)	标识	标签上的毒性描述文字
Ⅰa级	剧毒	≤5	≤20	≤20		剧毒
Ⅰb级	高毒	>5~50	>20~200	>20~200		高毒
Ⅱ级	中等毒	>50~500	>200~2000	>200~2000		中等毒
Ⅲ级	低毒	>500~5000	>2000~5000	>2000~5000	低毒	
Ⅳ级	微毒	>5000	>5000	>5000		微毒

注：标识应当为黑色，描述文字应当为红色。

第六节 | 杀菌剂优劣比较 ▶▶▶

治疗性杀菌剂和保护性杀菌剂各有特点，无法笼统地评价它们孰优孰劣。下面从多个方面对两类杀菌剂进行比较，见表1-8。

表1-8 治疗性杀菌剂和保护性杀菌剂比较

项目	治疗性杀菌剂	保护性杀菌剂
作用方式	绝大多数具有内吸性	绝大多数只有触杀性
作用位点	作用位点单一	作用位点多
杀菌谱	相对较窄（例如烯酰吗啉，只能防治低等真菌病害；又如嘧霉胺主要用于防治灰霉病，三环唑、稻瘟灵主要用于防治稻瘟病，乙烯菌核利主要用于防治灰霉病、菌核病）	相对较广（例如代森锰锌，资料上说能防治100多种作物上的400多种真菌病害）
抗药性	发展很快。为了延缓治疗剂的抗药性，常与保护剂混合使用或交替使用，有的治疗剂一推出即以混剂亮相	发展很慢（有些药剂至今未有抗药性报道）
速效性	见效较快，施药后能观察到病状、病征或新生组织等的变化	见效较慢，施药后并不能马上看到药效，需经过一段时间后，与同田未施药地段对比才能看出差异
持效期	相对较长，一般为7～15d。要注意施药间隔期	相对较短，一般为5～10d。要注意施药间隔期
使用时间	在发病前至发病初期使用。有的治疗剂标签上是这样温馨提示的："本品具有保护、治疗双重作用，即使田间病情较重时也可进行防治，控制病害进一步危害；但为了减轻病害造成的损失，应充分发挥其保护作用，因此施药时间宜早不宜迟，一般在发病初期施药效果最佳。"把握准施药时期仍是用好治疗剂的关键。治疗剂并非什么时期施药都能有效，当病害已普遍发生甚至已形成损失，再施用任何高效治疗剂，也不能使病斑消失，使作物康复如初。治疗剂可以比保护剂推迟用药，即在病原物侵入作物的初始阶段、初现病症时施药为宜。施药早了，持效期不够，还需施药；施药迟了，效果下降	在发病前使用效果最佳，最迟在发病初期使用

项目	治疗性杀菌剂	保护性杀菌剂
使用剂量	使用剂量或使用浓度相对较小;每季作物使用次数较少,通常为 2～3 次	使用剂量或使用浓度相对较大;每季作物使用次数较多,多的达 4～6 次
使用方法	兑水量要恰当(不宜过多,以免药液流水影响药效),施药要均匀、周到	兑水量要充足,施药要均匀、周到、喷湿、喷透,不漏喷、不重喷

第七节 | 杀菌剂发展沿革 ›››

从全球范围内三大类农药市场份额来看,20 世纪 60 年代为杀菌剂＞杀虫剂＞除草剂,70 年代杀虫剂＞除草剂＞杀菌剂,80 年代除草剂＞杀虫剂＞杀菌剂。自 2007 年起,除草剂＞杀菌剂＞杀虫剂。

在 2003 年、2005 年、2007 年、2009 年、2011 年,销售额过亿美元的农药品种分别为 15 个、24 个、23 个、29 个、34 个。

2007 年全球杀菌剂销售额为 81.1 亿美元,占农药销售总额 333.9 亿美元的 24.3%,几十年来首次居除草剂之后列次席;杀菌剂增长幅度 12.9%,居首位,而除草剂仅增长 8.8%,杀虫剂 8.6%。预计 2014～2019 年农药年均增长率为 2.6%,其中杀菌剂增长最快,为 3.1%,杀虫剂 2.2%,除草剂 2.6%,其他 2.2%,详情见表 1-9 所示。

表 1-9 世界农药市场概况

品种	项目	2019 年（预计）	2014 年	2013 年	2007 年	2000 年
总计	销售额/亿美元	644.5	566.6	542.1	333.9	278.3
杀菌剂	销售额/亿美元	171.4	146.9	139.9	81.1	56.2
杀虫剂	销售额/亿美元	180.4	161.7	149.1	80.1	
除草剂	销售额/亿美元	274.1	241.3	236.9	161.3	
其他	销售额/亿美元	18.6	16.7	16.3	10.4	
杀菌剂	占比/%	26.6	25.9	25.8	24.3	20.2
杀虫剂	占比/%	28.0	28.5	27.5	24.0	
除草剂	占比/%	42.5	42.6	43.7	48.6	
其他	占比/%	2.9	3.0	3.0	3.4	

2015年2月17日农业部印发《到2020年化肥使用量零增长行动方案》和《到2020年农药使用量零增长行动方案》。2016年我国需求量较大的杀菌剂品种是硫酸铜、多菌灵、代森类、甲基硫菌灵、三环唑、百菌清、三唑酮、井冈霉素、稻瘟灵、氢氧化铜等，需求增长幅度较大的品种是丁香菌酯、醚菌酯、咯菌腈、嘧菌酯、咪鲜胺、己唑醇、吡唑醚菌酯、枯草芽孢杆菌。

第二章
植物病害基础知识 ▶▶▶

▌第一节 ▏植物病害的准确识别 ▶▶▶

植物病害，是指植物在生物因子或非生物因子的影响下，发生一系列生理、生化和形态上的病理变化，阻碍了正常生长、发育的进程，从而降低人类经济效益的现象。菰感染黑粉菌后幼茎形成肉质肥嫩的茭白，韭菜在弱光下栽培成为幼嫩的韭黄，这些"异常"现象反而增加了经济价值，不认为是植物病害。

一、植物病害的类型

1. 按病原性质分类
分为 2 类。

（1）侵染性病害 由生物引起，有传染性，病原体多种，如真菌、细菌、病毒、线虫或寄生性种子植物等，又叫传染性病害。此类病害一般具有以下特征：田间有明显的发病中心，病害由发病中心向全田发展；许多病害的病部有明显的病征；一旦发生病害，植株难以恢复健康。

侵染性病害按病原种类又分为真菌病害、细菌病害、病毒病害、线虫病害、原生动物病害、寄生性植物病害等 6 小类。

（2）非侵染性病害 由非生物引起，例如营养元素的缺乏，水分的不足或过量，低温的冻害和高温的灼病，肥料、农药使用不合理，或废水、废气造成的药害、毒害等，又叫生理性病害。此类病害一般具有以下特征：往往大面积同时发生，没有明显的发病中心；有独特的病状，但病部无病征；如及时消除发病因素，病株病状发展减缓或病状消失，植株恢复健康。

2. 按发病特点分类

分为2类。

（1）局部性病害　只发生在寄主植物器官的局部，例如玉米小斑病。

（2）系统性病害　可以从一个部分发展到另一个部位，从一个器官发展到另一个器官，以致整体发病，又称散发性病害，例如茄子枯萎病、辣椒病毒病。

3. 按发病部位分类

分为7类。

少数病害只发生于1个部位，例如落葵蛇眼病只危害叶片，番茄酸腐病仅见侵染番茄果实的报道。

多数病害可发生于多个部位，例如辣椒疫病是生产上的一大毁灭性病害，辣椒从苗期到成株期均可被侵染，茎、叶、果实都能发病。又如辣椒疮痂病主要危害叶片、茎，也危害果实，尤以叶片上发生普遍。

（1）根部病害　例如油菜根肿病、桃树根癌病、草莓红中柱根腐病、黄瓜根结线虫病。

（2）茎部病害　例如芦笋茎枯病、西瓜蔓枯病、烟草黑胫病、苹果树腐烂病、水稻叶鞘腐败病。

（3）叶部病害　例如花生叶斑病、番茄叶霉病、大蒜叶枯病。

（4）花部病害　例如葡萄灰霉病、番茄灰霉病。

（5）果部病害　例如柑橘青霉病、柑橘酸腐病、小麦粒线虫病。

（6）种部病害　例如水稻恶苗病。

（7）全株病害　例如番茄青枯病。

4. 按传播方式分类

分为3类。

（1）土传病害　例如西瓜枯萎病。

（2）种传病害　例如水稻恶苗病。

（3）其他病害　例如小麦条锈病。

5. 按侵染次数分类

分为 2 类。

（1）单循环病害　只有初侵染，没有再侵染，整个侵染循环仅有 1 个病程，例如麦类黑穗病。

（2）多循环病害　在寄主生长季节中重复侵染，多次引起发病，其侵染循环包括多个病程，例如稻瘟病、水稻白叶枯病。

6. 按发病时期分类

分为 2 类。

（1）生长期病害　例如水稻稻瘟病、小麦白粉病。

（2）贮运期病害　例如柑橘青霉病、柑橘绿霉病。

二、植物病害的病原

引起植物病害的原因叫做病原。病原分为生物性病原（多为微生物）和非生物性病原。生物性病原又称病原生物、病原物或病原体，指的是能侵染植物体并导致侵染性病害发生的有害生物。了解和识别病原物的类型，有助于对症下药，科学防治。

本书将病原物归纳为 6 类（真菌、原核生物、病毒、线虫、寄生性植物、原生动物）16 种，原核生物即广义上的细菌。通过广泛收集整理，笔者发现文献中报道的病原物共计 16 种，只是由于有些类型病原物的"种"数较少，一般的资料中没有叙述而已，其中第 1 类至第 4 类数量较大，后 12 类数量较少。

（1）真菌　是病原物中类群最多，形态最复杂的，约占病原物总数的 70% 以上。真菌在自然界分布很广，据估计已知真菌有 1 万余属 10 万多种。在植物病害中，真菌病害种类最多，约有 3 万种。每种作物上都可以发现几种、几十种甚至上百种真菌病害，例如水稻上发现的真菌病害在 200 种以上，其中常见的真菌病害有 30 多种。

（2）细菌　细菌病害的种类很多，分布很广，无论是栽培植物还是野生植物，大田作物或果蔬花卉，都有一种或几种细菌病害。一种病原细菌可侵染一种或多种植物。细菌病害较难防治。

　杀菌剂使用技术

（3）病毒　是仅次于真菌的重要病原物。目前国际植物病毒分类委员会承认的植物病毒有 909 种，而据推测这些仅仅是植物病毒的 10%，其余 90% 尚在科学家的实验室里进行研究。病毒是 20 世纪对其诊断与防治研究进展最快的一类病害。

（4）线虫　数量多，分布广，寄生于植物的线虫有上千种。几乎每种作物都有线虫病害。线虫虽是动物，但由于人们最早见到的不是虫体，而是由它引起的症状，因此将其归入病害之列进行研究。

（5）放线菌　链霉菌属放线菌可引起植物块根块茎病害，如马铃薯块茎疮痂病。

（6）类菌原体　引起的病害有枣疯病等。

（7）类立克次体　引起的病害有柑橘黄龙病等。

（8）植原体　引起的病害有樱桃致死黄花病等。

（9）螺原体　引起的病害有柑橘顽固病等。

（10）类病毒　如马铃薯纺锤块茎病类病毒。

（11）拟病毒　如绒毛烟环斑病毒。

（12）原生动物　如引起咖啡和椰子等热带作物病害的具鞭毛的原生动物等。

（13）寄生性种子植物　全世界有 2500 种左右，隶属于被子植物门的 12 个科。它们依赖被寄生的植物提供的营养和水分，往往引起植物黄花、皱缩等症状。这类病原物通常放在病害中来研究，但实际上是作为杂草来防除的。

（14）寄生性地衣　如引起茶地衣病的树发地衣、睫毛梅花地衣等。

（15）寄生性苔藓　如引起茶苔藓病的悬藓、中华木衣藓等。

（16）寄生性藻类　如引起茶藻斑病的红锈藻等。

三、植物病害的名称

1. 植物真菌病害名称

包含寄主、病部、病状、病征、病原、颜色、形态、动作、时间等 9 个方面的要素，具体到某种病害名称，通常只含 1～3 个要素。

（1）病部　病害名称中表示病部的字眼有根、茎（茎基、胫）、叶、花、果实（果）、种子、枝条（芽、枝、穗、秆、蔓），例如油菜根肿病、玉米茎基腐病、烟草黑胫病、小麦腥黑穗病、小麦秆锈病、西瓜蔓枯病。

（2）病状　病状归纳起来有变色、坏死、腐烂、萎蔫、畸形 5 大类型。

（3）病征　表示病征的字眼有霉、粉、菌核、煤烟等，例如番茄叶霉病、小麦白粉病、油菜菌核病、柑橘煤烟病。

（4）病原　病害名称中含有病原物名称，例如荔枝霜疫霉病、辣椒疫病。

（5）颜色　表示颜色的字眼有红、橙、黄、绿、青、蓝、紫、黑、褐、白、灰等，例如烟草赤星病、棉花黄萎病、柑橘绿霉病、柑橘青霉病、葱紫斑病、大白菜黑斑病、辣椒褐斑病、玉米灰斑病。

（6）形态　表示形态的字眼有大、小、条、纹、干、湿、软、肿、矮、缩、多、丛、饼、疯、枯、萎、圆、星、角、痘、绵、炭疽、疮痂、溃疡等，例如小麦纹枯病、桃缩叶病、西瓜炭疽病、玉米大斑病、大白菜软腐病、西瓜枯萎病、柑橘疮痂病、玉米小斑病、油菜根肿病、石榴干腐病、柑橘溃疡病、茶饼病、葡萄黑痘病、柿子角斑病。

（7）动作　表示动作的字眼有落、立、猝等，例如苹果斑点落叶病、辣椒立枯病、辣椒猝倒病。

（8）时间　表示时间的字眼有晚、早、早期等，例如番茄晚疫病、番茄早疫病、苹果早期落叶病。

2. 植物细菌病害名称

有些细菌病害的名称中含有"细菌性""溃疡病""青枯病"等字眼，例如水稻细菌性条斑病、黄瓜细菌性角斑病、柑橘溃疡病；而有的细菌病害名称中不含这些字，例如水稻白叶枯病。

3. 植物病毒病害名称

绝大多数病毒病害其名称末尾为"病毒病"；而有的病毒病害名称不含"病毒病"，例如水稻条纹叶枯病（不能简称水稻纹枯病）、水稻黑条矮缩病、烟草花叶病（花叶病毒病）。

四、植物病害的症状

植物病害的症状，是指植物在生物因子或非生物因子的影响下感病，其外部形态和内部结构显露出来的异常状态。肉眼可直接观察到的称为宏观症状，借助显微工具才能辨别的称为微观症状。微观症状多应用于病细胞或病组织的研究（例如观察韧皮部中有无坏死细胞，筛管和导管中有无增生结构），在植物病毒病诊断上具有一定参考价值（例如观察感染病毒病的病细胞中出现的各种内含体的形态和类型等）。

宏观症状包括病状、病征 2 个方面。病状是感病植物本身所表现的异常状态。病征是病原物在感病植株上所形成的、肉眼可见的特征性物质。

五、植物病害的病状

植物病害的病状多种多样，归纳起来有 5 大类。

1. 变色

由于病部细胞的色素改变，导致发病植物的色泽发生均匀或不均匀改变。

（1）褪绿或黄化　由于叶绿素的减少而表现为浅绿色或黄色，如小麦黄矮病、植物的缺铁与缺氮等。

（2）变红或变紫　如玉米或谷子红叶病、植物缺磷、棉花缺钾。

（3）花叶与斑驳　不同变色部分轮廓很清楚的称花叶，变色部分轮廓不清楚的称斑驳，如烟草花叶病等。

2. 坏死

发病植物组织和细胞受破坏而死亡。

（1）斑点　根、茎、叶、花、果实的病部局部组织或细胞坏死。其形状、大小和颜色不一。包括角斑、轮斑、环斑、条斑等。如玉米大斑病、玉米小斑病、十字花科蔬菜黑斑病等。

（2）枯死　芽、叶、花局部或大部分发生变色、焦枯、死亡。如马铃薯晚疫病、水稻白叶枯病等。

（3）穿孔和落叶落花落果　病斑从健康组织中脱落下来，形成穿孔，如桃细菌性穿孔等；有些植物的花、叶、果发病后，在叶柄或果梗附近产生离层而引起过早落叶、落果等。

（4）疮痂　果实、嫩茎、块茎等的发病组织上局部木栓化，表面粗糙隆起，病部较浅，如柑橘疮痂病等。

（5）溃疡　病部深入到皮层，组织坏死或腐烂，病部面积大，稍凹陷，周围的寄主细胞有时增生和木栓化。如柑橘溃疡病等。

3. 腐烂

较大面积植物组织分解和破坏的表现。根据失水的快慢又可分为干腐和湿腐。若胞壁中间层先受到破坏，出现细胞离析，后发生细胞消解，则称为软腐。幼苗根或茎腐烂后，直立死亡的称为立枯，地上部分迅速倒伏的则称为猝倒。如棉菌立枯病、蔬菜苗期猝倒病等。

4. 萎蔫

植物根茎的维管束组织受到破坏而发生的凋萎现象。引起植物萎蔫的原因有生理性和病理性两种。生理性萎蔫常发生在高温强光照条件下，由植物蒸腾失水速率大于根系吸水的速率而引起。早晚可恢复的称暂时性萎蔫，出现后不能恢复的称永久性萎蔫。病理性萎蔫是由病原物侵染繁殖后堵塞维管束或分泌毒素破坏维管束所致的。如棉花枯萎病、棉花黄萎病、瓜类枯萎病等。

5. 畸形

病组织或细胞的生长受阻或过度造成的形态异常。主要表现为以下几方面：

（1）矮缩与矮化。矮缩的植株节间缩短、茎叶簇生，如水稻矮缩病等。矮化的植株各个器官的长度成比例变矮或缩小，病株比健株矮小得多。

（2）叶片皱缩、卷叶、蕨叶。

（3）徒长。如稻苗受恶苗病菌侵染后，叶部细胞延长，但细胞数并无增加，成为黄叶高脚苗。

（4）丛枝或发根。植物的不定芽或不定根大量萌发所致。如枣疯病、竹多枝病等。

（5）瘤肿。植物的根、茎、叶上形成的大小不一的瘤状物。如马铃薯癌肿病、果树根癌病等。

（6）花器变叶。植物花器变成叶片状，使植物不能正常开花结实。

六、植物病害的病征

植物病害的病征多种多样，归纳起来有6大类。

（1）霉状物　具不同颜色、质地、结构的各种毛绒状霉层，包括霜霉、绵霉、青霉、绿霉、黑霉、灰霉、赤霉等，例如小麦赤霉病、十字花科蔬菜霜霉病、柑橘青霉病等。

（2）粉状物　白色或黑色粉层，例如苹果白粉病、小麦散黑粉病、水稻粒黑粉病等。

（3）锈状物　白色或铁锈色粉状物，例如青菜白锈病、小麦锈病、菜豆锈病等。

（4）粒状物　不同大小的颗粒状物。包括真菌子囊果和分生孢子果，菌核及线虫的孢囊等，例如水稻纹枯病、油菜菌核病等。

（5）索状物　病根表面产生的紫色或深色菌丝索，即根状菌索。

（6）脓状物　专称菌脓，是细菌病害特有的病征。常为黄色黏稠状液体，干燥后形成白色的菌膜或黄褐色的菌粒，例如水稻细菌性条斑病、水稻白叶枯病。

▌第二节 ┃ 植物病害的发生发展 ▶▶▶

病原物从侵染到寄主植物病状出现的过程，简称病程。侵染程序一般分为3个时期。①侵入期。从病原物侵入到与寄主植物建立营养或寄生关系的一段时间。②潜育期。从病原物初步与寄主植物建立寄生关系到出现明显症状的一段时间。潜育期的长短因病原物的生物学特性，寄主植物的种类、生长状况和时期，以及环境条件的影响而有所不同。③发病期。受侵染的寄主植物在外部形态上出现明显的症状，包括染病植物在外部形态上反映出的病理变化和病原物产生繁殖体的阶段。

一、植物病害的侵染循环

病害从前一个生长季节始发病到下一个生长季节再度发病的过程称为侵染循环，又称病害的年份循环。病程是组成侵染循环的基本环节。侵染循环主要包括以下 3 个方面。①病原物的越冬或越夏。病原物度过寄主植物的休眠期，成为下一个生长季节的侵染来源。②初侵染和再侵染。经过越冬或越夏的病原物，在寄主生长季节中苗木种植前进行病害防疫的首次侵染为初侵染，重复侵染为再侵染。只有初侵染，没有再侵染，整个侵染循环仅有一个病程的称为单循环病害（如麦类黑穗病菌）；在寄主生长季节中重复侵染，多次引起发病，其侵染循环包括多个病程的称为多循环病害（如稻瘟病菌、白叶枯病菌等）。③病原物的传播。

植物病害根据侵染循环和侵染过程分为单循环病害、多循环病害。单循环病害只有初侵染没有再侵染，或者虽有再侵染但危害作用很小，这类病害多为土传、种传的系统性病害。多循环病害的病原物在一个生长季节中能够连续繁殖多代，从而发生多次再侵染，这类病害多是局部侵染病害，潜育期短，病原物增殖率高，寿命短，对环境敏感，如小麦锈病、小麦白粉病、水稻稻瘟病、水稻白叶枯病、马铃薯晚疫病。

1. 越冬、越夏场所

病原物通过越冬和越夏来度过不宜危害寄主的时期，此期病原物生存方式多种多样，可概括为休眠、腐生、寄生 3 种。病原物的越冬和越夏场所一般也就是初侵染的来源，主要有以下几种场所：田间病株，种子、苗木及其他繁殖材料，土壤及粪肥，病株残体，介体内外，温室内或贮藏窖内。

2. 传播方式

病原物的传播分主动传播和被动传播，前者如有鞭毛的细菌或真菌的游动孢子在水中游动传播等，其传播的距离和范围有限；后者靠自然和人为因素传播，如气流传播、水流传播、生物传播、人为传播。

（1）接触传播　病原物通过农事操作中的农具、植物伤口传播。有些病毒病、贮藏病害也是经过接触传播的。

（2）空气传播 有的病原物可随气流远距离传播到数千千米以外，例如小麦条锈病。许多重大病害都是空气传播的，例如水稻稻瘟病。有的病害是近距离传播的，譬如在同一个大棚、同一个果园、一个小环境中不断传播、危害，然后再传播、危害。

（3）降雨传播 有些病原物由雨水溅落传播。

（4）水流传播 有些病原物随灌溉水或流动水传播。

（5）土壤传播 有的病原物生活在土壤中，例如黄瓜根结线虫、花生孢囊线虫、西瓜枯萎病菌。有的病原物留存在植物残体上，进入土壤后传播。

（6）介体传播 有些蚜虫、叶蝉、飞虱、木虱吸吮感病植株的汁液，然后危害健康植株而传播病毒病，见表2-1。

（7）种子传播 病原物潜伏在种子内部或附着在种子表面，播种后病原物即活动，侵入幼苗并随植物生长，后期显症。例如小麦黑粉病、甘薯黑斑病。还有一种情况是带病植物残体混在种子中传病，例如小麦粒线虫病、小麦全蚀病。

植物病毒主要靠接触、种子和介体三种途径传播，其中介体传播最为重要（表2-1）。传毒介体除昆虫、螨类外，还有所谓"土传"中的线虫和低等真菌。菟丝子也可算是"植物介体"，但从它桥接过程看仍脱离不了接触传播范畴。生物环境因素包括昆虫、线虫和微生物。不少病害可由多种昆虫传播，有些病害则只能由某一种或由几种昆虫传播。很多虫传病毒病如小麦丛矮病的传毒介体是灰飞虱，其虫口密度和带毒率是决定丛矮病轻重的重要因素。土壤中线虫种类颇多，有些能传播植物病害（特别是病毒病）；有些在植物根部造成伤口，促使细菌和真菌病害发生；有些本身虽既不致病也不传病，却能破坏植物的某些抗病性，从而促使发病。土壤和植物体表的微生物群落对植物病害也有重要影响：一方面，很多微生物可通过重复寄生、抗生和竞争作用而抑制植物病原，减少侵染，或通过对植物的某种作用而提高植物的抗病性，从而成为防病的有益因素；另一方面，有些微生物又可通过与植物病原物的协生和互助，或通过削弱植物的抗病性，而成为加重病害的因素。

表 2-1　植物病害与传播介体生物

作物名称	病害名称	传播介体名称	介体类型
水稻	黑条矮缩病	灰飞虱(主)、白脊飞虱、白带飞虱	昆虫
	条纹叶枯病	灰飞虱(主)、白脊飞虱、白带飞虱、背条飞虱	昆虫
	黄叶病	黑尾叶蝉、二点黑尾叶蝉、二条黑尾叶蝉	昆虫
	矮缩病	黑尾叶蝉、二点黑尾叶蝉、电光叶蝉	昆虫
小麦	黄矮病	麦二叉蚜、麦长管蚜、禾谷缢管蚜、麦无网长管蚜、玉米蚜	昆虫
	丛矮病	灰飞虱	昆虫
	红矮病	条沙叶蝉、黄褐角顶叶蝉、黑角顶叶蝉	昆虫
	线条花叶病	黍瘿螨	螨类
马铃薯	轻花叶病、重花叶病、黄斑花叶病、皱缩花叶病、泡状斑驳花叶病	蚜虫	昆虫
	丛枝病	叶蝉	昆虫
烟草	黄瓜花叶病毒病	桃蚜、棉蚜及其他多种蚜虫	昆虫
	马铃薯 Y 病毒病	桃蚜及多种蚜虫	昆虫
	蚀纹病毒病	10 余种蚜虫	昆虫
	甜菜曲顶病毒病	叶蝉	昆虫
草莓	斑驳病毒病、轻型黄边病毒病、镶脉病毒病	草莓钉毛蚜、托马斯毛管蚜、花毛管蚜等多种蚜虫	昆虫
甘蔗	嵌纹病、褪绿条纹病	黍蚜、玉米蚜、麦二叉蚜、高粱蚜、桃蚜、棉蚜、尖鼻飞虱	昆虫
胡椒	花叶病	棉蚜、绣线菊蚜	昆虫
菠萝	凋萎病	菠萝粉蚧	昆虫
柑橘	衰退病	橘蚜、橘二叉蚜、棉蚜	昆虫
	黄龙病	柑橘木虱	昆虫
香蕉	束顶病	香蕉交脉蚜	昆虫
	心腐病	棉蚜、玉米蚜等多种蚜虫	昆虫
龙眼、荔枝	丛枝病	角颊木虱、荔枝蝽	昆虫
番木瓜	环斑病	棉蚜、桃蚜	昆虫
水稻	黄萎病	黑尾叶蝉、二点黑尾叶蝉、二条黑尾叶蝉、马来亚黑尾叶蝉	昆虫
桑树	黄化型萎缩病、萎缩型萎缩病	桑拟菱纹叶蝉、凹缘菱纹叶蝉	昆虫
枣	枣疯病	中华拟菱纹叶蝉、凹缘菱纹叶蝉	昆虫

二、植物病害的流行规律

植物病害流行是指侵染性病害在植物群体中的顺利侵染和大量发生。其流行是病原物群体和寄主植物群体在环境条件影响下相互作用的过程，环境条件常起主导作用。对植物病害影响较大的环境条件主要包括下列 3 类：①气候土壤环境，如温度、湿度、光照和土壤结构、含水量、通气性等；②生物环境，包括昆虫、线虫和微生物；③农业措施，如耕作制度、种植密度、施肥、田间管理等。植物传染病只有在下列条件并存时才会流行：寄主的感病性较强，且栽种面积和密度较大；病原物的致病性较强，且数量较大；环境条件特别是气候、土壤和耕作栽培条件有利于病原物的侵染、繁殖、传播和越冬，而不利于寄主植物的抗病性。

第三节 | 真菌 ▸▸▸

植物病理学的研究最早是从植物病原真菌开始的。在植物病害中，真菌病害种类最多，约有 3 万种；每种作物上都可以发现几种甚至几十种真菌病害，例如水稻上发现的真菌病害逾 200 种，其中常见的有 30 种以上。

真菌分类系统很多，我国使用最广的是安斯沃思（Ainsworth）系统。《植物病害诊断》（第 2 版）收录植物病原真菌 227 属，见表 2-2。

表 2-2 真菌分类

界	门	亚门	纲	目	科、属、种
真菌界	黏菌门				
	真菌门	鞭毛菌亚门	根肿菌纲 壶菌纲 丝壶菌纲 卵菌纲	约 10 目，如根肿菌目、水霉目、霜霉目	190 属 1100 种，如根肿菌属、水霉属、绵霉属、腐霉属、疫霉属、霜霉属、霜疫霉属
		接合菌亚门	接合菌纲 毛菌纲	如毛霉目	如根霉属、毛霉属、笄霉属、小克银汉霉属

界	门	亚门	纲	目	科、属、种
真菌界	真菌门	子囊菌亚门	半子囊菌纲 腔囊菌纲 不整囊菌纲 虫囊菌纲 核菌纲 盘菌纲	如球壳目、白粉菌目、小煤炱目	2700余属28000余种，如白粉菌属、小煤炱属、赤霉属、格孢腔菌属
		担子菌亚门	冬孢菌纲 层菌纲 腹菌纲	如锈菌目	如层锈菌属、柱锈菌属、鞘锈菌属、黑粉菌属
		半知菌亚门	芽孢纲 丝孢纲 腔孢纲		在植物病原真菌种，约有半数属于半知菌，最常见的半知菌有200～300属

第四节 | 细菌 >>>

全世界记载的植物细菌病害有500多种，已经确认的植物病原细菌约有250个种、亚种和致病变种，我国发现的细菌病害有70种以上。《作物细菌性病害诊断与防治原色生态图谱》介绍了近40种常见的细菌病害，作物种类涵盖小麦、水稻、玉米、高粱、谷子、甘薯、绿豆、豇豆、大豆、花生、油菜、芝麻、向日葵、棉花、桑树、烟草等16种。

1. 植物细菌病害的种类

（1）粮食作物细菌病害 水稻白叶枯病、水稻细菌性基腐病、水稻细菌性条斑病、水稻细菌性褐条病、水稻细菌性褐斑病；小麦黑颖病；玉米细菌性茎腐病；马铃薯青枯病、马铃薯软腐病、马铃薯黑胫病、马铃薯环腐病；甘薯瘟病；木薯细菌性枯萎病。

（2）果树作物细菌病害 柑橘溃疡病（包括脐橙、橙、柚、文旦、柠檬、巨橘、枳橙等）；沙田柚溃疡病；梨火疫病；桃细菌性穿孔病（包括李、杏、油桃、樱桃等）；菠萝心腐病；枇杷芽枯病、枇杷癌肿病；核桃黑斑病；猕猴桃溃疡病；芒果细菌性黑斑病；果树细菌性根癌病（包括桃、梨、苹果、板栗、梅、李、杏、葡萄等）。

（3）蔬菜作物细菌病害　西瓜细菌性青枯病、西瓜细菌性果腐病；茄科蔬菜青枯病（番茄、茄子、辣椒）软腐病、疮痂病；黄瓜细菌性角斑病（黄瓜、甜瓜、丝瓜）；十字花科蔬菜软腐病、细菌性黑腐病、细菌性黑斑病（大白菜、甘蓝、萝卜、花椰菜等）；菜豆细菌性角斑病（菜豆、扁豆、豇豆、豌豆、绿豆等）；菜豆细菌性疫病（菜豆、扁豆、豇豆、绿豆）；姜瘟病（姜腐败病、姜腐烂病）；瓜类青枯病；辣椒细菌性斑点病（辣椒疮痂病）、辣椒细菌性叶斑病；萝卜黑腐病；葱类细菌性软腐病；莴苣细菌性斑点病；芋艿细菌性斑点病，芋艿腐败病（即芋软腐病、芋艿腐烂病）；芹菜软腐病；魔芋软腐病。

（4）经济作物细菌病害　棉角斑病、棉红叶根腐病；花生青枯病；油菜黑腐病、油菜软腐病、油菜细菌性黑斑病；大豆细菌性叶烧病、大豆细菌性斑点病、大豆细菌性斑疹病；甜菜软腐病、甜菜细菌性根癌病、甜菜细菌性尾腐病（根尾腐烂病）、甜菜细菌性斑枯病；芝麻细菌性角斑病、芝麻青枯病；烟草青枯病、烟草角斑病、烟草野火病、烟草软腐病（空茎病）；向日葵细菌性茎腐病；甘蔗白条病；咖啡细菌性叶斑病；胡椒细菌性叶斑病。

（5）其他作物细菌性病害　桑青枯病、桑细菌性黑枯病、桑疫病；茶树细菌性根癌病；黄麻细菌性斑点病；苎麻青枯病；红麻青枯病；苜蓿细菌性叶斑病、苜蓿细菌性茎疫病、紫云英细菌性黑斑病；药材类细菌性病害；花卉类细菌性病害。

2. 植物细菌病害的症状

细菌性病害是由细菌病菌侵染所致的病害，如软腐病、溃疡病、青枯病等。侵害植物的细菌都是杆状菌，大多数具有一至数根鞭毛，可通过自然孔口（气孔、皮孔、水孔等）和伤口侵入，借流水、雨水、昆虫等传播，在病残体、种子、土壤中过冬，在高温、高湿条件下容易发病。细菌性病害症状表现为萎蔫、腐烂、穿孔等，发病后期遇潮湿天气，在病害部位溢出细菌黏液，有明显恶臭味，是细菌病害的特征。

（1）斑点型 植物由假单胞杆菌侵染引起的病害中，有相当数量呈斑点状。如水稻细菌性褐斑病、黄瓜细菌性角斑病、棉花细菌性角斑病等。

（2）叶枯型 多数由黄单胞杆菌侵染引起，植物受侵染后最终导致叶片枯萎。如稻白叶枯病、黄瓜细菌性叶枯病、魔芋细菌性叶枯病等。

（3）青枯型 一般由假单胞菌侵染植物维管束，阻塞输导通路，致使植物茎、叶枯萎。如番茄青枯病、马铃薯青枯病、草莓青枯病等。

（4）溃疡型 一般由黄单胞杆菌侵染植物所致，后期病斑木栓化，边缘隆起，中心凹陷呈溃疡状。如柑橘溃疡病、菜用大豆细菌性斑疹病、番茄果实细菌性斑疹病等。

（5）腐烂型 多数由欧文氏杆菌侵染植物后引起腐烂。如白菜细菌性软腐病、茄科及葫芦科作物的细菌性软腐病以及水稻基腐病等。

（6）畸形型 由癌肿野杆菌侵染所致，使植物的根、根颈或侧根以及枝干造成畸形，呈瘤肿状。如菊花根癌病等。

3. 植物细菌病害的识别

上述病状类型，植物真菌性病害也有类似表现，但在病症上有截然区别，细菌病害的病症无霉状物，而真菌病害则有霉状物（菌丝、孢子等）。

斑点型和叶枯型细菌性病害的发病部位，先出现局部坏死的水渍状半透明病斑，在气候潮湿时，从叶片的气孔、水孔、皮孔及伤口上有大量的细菌溢出黏状物——细菌菌脓。

青枯型和叶枯型细菌病害的确诊依据：用刀切断病茎，观察茎部断面维管束有无变化，并用手挤压，观察导管上是否流出乳白色黏稠液——细菌菌脓。利用细菌菌脓有无可与真菌引起的枯萎病相区别。鉴别茄子青枯病和枯萎病就可用此法区别。

腐烂型细菌病害的共同特点是，病部软腐、黏滑，无残留纤维，并有硫化氢的臭气。而真菌引起的腐烂则有纤维残体，无臭气。如鉴别白菜软腐病和油菜菌核病常用此法。

遇到细菌病害发生初期，还未出现典型的症状时，需要在低倍显微镜下进行检查。其方法是，切取小块新鲜病组织于载玻片上，滴点水，盖上玻片，轻压，即能看到大量的细菌从植物组织中涌出。早期诊水稻白叶枯病常采用此法。

4. 植物病原细菌的分类

自 Murray1968 年设立原核生物界以来，细菌、蓝细菌（蓝藻）、放线菌等都属于原核生物界。广义上的细菌包括放线菌、类细菌、类立克次体、植原体、螺原体等。

有的资料将细菌分为薄壁菌门、厚壁菌门、软壁菌门等。《伯杰细菌手册》（第 2 版）将原核生物分为古细菌域、细菌域 2 个域；古细菌域分为 2 门，共 217 种，细菌域分为 23 门，共 5007 种。

5. 植物菌原体病害

菌原体（又称菌质体、菌形体、菌原质、支原体等）最早于 1898 年在动物上发现，但在植物上发现很晚。1967 年发现菌原体可以引起植物病害。1973 年发现螺原体可以引起植物病害。目前全球已报道植物菌原体病害逾 300 种。据农业部植物检疫实验所编印、季良（1991 年）《中国植物病毒志》收集记载，我国植物菌原体病害有 57 种。

（1）大田作物和其他草本植物菌原体病害　花生丛枝病、甘薯丛枝病、水稻橙叶病、水稻黄萎病、豇豆丛枝病、番茄巨芽病、番茄丛枝病、芝麻变叶病、甘蔗白叶病、百合扁茎簇叶病、猪屎豆丛枝病、亮白花叶芋菌原体病、甜菜黄萎病、补骨脂变叶病、金鱼草丛枝病、巴西苜蓿丛枝病、卵叶山蚂蝗丛枝病、暗紫菜豆丛枝病、爪哇大豆丛枝病、月季绿瓣病、人参坏死病、聚合草矮缩病、长春花变叶病、烟草丛枝病、锦菊丛枝病、木豆丛枝病、细茎笔花豆丛枝病、粗茎笔花豆丛枝病、格雷厄姆笔花豆丛枝病、恩迪沃尔笔花豆丛枝病、凤仙花绿瓣病、仙人掌丛枝病、西洋参韧皮坏死病、豆瓣绿菌原体病、小麦蓝矮病。

（2）果林木本植物菌原体病害　桑萎缩病、枣疯病、泡桐丛枝病、刚竹支原体病、桉树黄化病、苦楝丛枝病、罗汉果疱叶丛枝病、木麻黄丛枝病、淡竹丛枝病、重阳木丛枝病、橡胶树丛枝病、樟树丛枝病、芒果焦枝病、油梨丛枝病、胡椒黄化病、刺槐丛枝病、皂荚丛枝病、竹类丛枝病、香椿带化病、茶树带化病、咖啡丛枝病、樱桃丛枝病。

植物菌原体病害属于"黄化类型"的病害,症状表现为黄化、矮化、节间缩短、花器叶片化等。植物菌原体很小,可通过细菌滤器,可通过嫁接传病,传病介体大多为叶蝉类昆虫,而且属于持久性的传病类型,症状又与病毒病相似,因此相当长一段时间内都将植物菌原体病害误认为是病毒病。

1984 年 Bergey 系统手册将菌原体单独成立为软皮菌门,与薄壁菌门、厚壁菌门并列;软皮菌门包括 1 纲(柔膜菌纲)3 目 4科。引起植物病害的是植物菌原体属(*Phytoplasma*)、螺原体属(*Spiroplasma*)。

第五节 | 病毒 ▶▶▶

人类已知病毒 2000 来种,其中植物病毒约 800 种。无论是大田作物、果树、蔬菜和观赏植物,都有 1～2 种病毒病,甚至一种作物上有几十种病毒病。禾本科、葫芦科、豆科、十字花科、蔷薇科植物受害较重,感染的病毒种类也较多,例如水稻条纹叶枯病、烟草花叶病。

植物病毒病在多数情况下以系统浸染的方式侵害农作物,并使受害植株发生系统症状,产生矮化、丛枝、畸形、溃疡等特殊症状。植物病毒病的主要症状类型有花叶、变色、条纹、枯斑或环斑、坏死、畸形等。有的病毒侵染后,寄主只引起一种特有症状,有的则可能表现多种症状(可以先后出现,也可能同时出现,或在不同条件下出现不同症状)。

病毒病多为系统性侵染,没有病征,易与非侵染性病害相混淆,往往需要通过一定方式的传染试验证实其传染性。

植物病毒病的传染方式有:机械(摩擦)接触传染、嫁接传染、介体（包括昆虫、线虫、真菌、螨类和菟丝子）传染、花粉及种子传染等。由于病毒是专性寄生物，它的侵染来源都与活体（活的动物、植物体或介体）有关。传染要使病毒接触活体，例如汁液摩擦接种，要用新鲜的病毒汁液，摩擦的目的是造成寄主植物体表面的微伤，使病毒有可能进入活的细胞，过重的损伤造成组织坏死并不利于病毒的传染。蚜虫、飞虱等刺吸式口器昆虫取食植物汁液的方式更容易满足植物病毒传播的两方面要求。

国际病毒分类委员会（International Committee on Taxonomy of Virases，ICTV）2005 年 7 月发表病毒分类第八次报告包括 18 科 81 属，有 17 属尚无科的分类阶元。该报告收录病毒确定种 763 个、暂定种 279 个、科内未归属病毒 64 个、未分类病毒 16 个，合计 1122 个。

病毒病害的传播、浸染和致害过程与细菌性病害和真菌性病害的表现有很大的区别。在病毒病防治上仅仅依靠单一的技术手段往往很不奏效，要采取综合措施为主进行防治。

获准农业部登记用于防治病毒病的产品逾 165 个，例如宁南霉素、氨基寡糖素、葡聚烯糖、菇类蛋白多糖、菌毒清、氯溴异氰尿酸、盐酸吗啉胍、盐酸吗啉胍·乙酸铜、混合脂肪酸·硫酸铜、十二烷基硫酸钠·三十烷醇·硫酸铜、三氮唑核苷·硫酸铜·硫酸锌、烯腺嘌呤·羟烯腺嘌呤·盐酸吗啉胍·硫酸锌·硫酸铜。

第六节 | 线虫 ▸▸▸

线虫为无脊椎动物，隶属于线形动物门线虫纲。已有学者主张将线虫独立成一门，称为"线虫门"。危害植物的线虫虽是动物，但由于人们最初见到的不是虫体，而是由它引起的症状，因此将其归入植物病害之列进行研究。

线虫属于低等动物，广泛分布于世界各个角落，凡是有土、水的地方都有可能存在。线虫约有 50 万种之多，其中植物线虫有

5000 多种（估计地球上约有植物线虫 10 万种，目前已记载的仅 200 属 5000 种）。在我国，每一种植物至少有一种寄生线虫，许多作物受到不同程度的侵害，有些甚至是很严重的危害。据调查，我国水稻有 13 种病原线虫，玉米有 8 种，小麦有 24 种，大豆有 11 种，花生有 6 种，棉花有 9 种，甘蓝有 12 种，烟草有 7 种，茶叶有 9 种，柑橘有 49 种，分布非常广泛。

植物线虫一般为线状，体长通常不超过 1mm，宽 $20\sim30\mu m$，有些种类的雌虫为近球形。

植物线虫具有口针，绝大多数是专性寄生的，也有极少数能在真菌上生长繁殖。寄生部位常因不同种类而异，但一种线虫侵害植物的器官和部位常是一定的，大多数线虫类群危害植物地下部分（如花生根结线虫），也有部分线虫类群危害地上部分的茎、叶、芽、花、种子等（如马铃薯茎线虫、草莓芽线虫）。

根据线虫尾部有无侧尾腺口，分为侧尾腺口亚纲、无侧尾腺口亚纲。常见的重要植物线虫有 2 目（垫刃目、矛线目）20 余属。

第七节 | 原生动物与寄生性植物 ▶▶▶

引起植物发病的原生动物极其少见，例如引起咖啡和椰子等热带作物病害的具鞭毛的原生动物细管植生滴虫。

营寄生生活的植物分为寄生性种子植物、寄生性苔藓植物、寄生性地衣、寄生性藻类植物等 4 类。

寄生性种子植物属于被子植物门，重要的有桑寄生科、菟丝子科（有的资料将菟丝子科归入旋花科内）、樟科、列当科、玄参科、檀香科。

桑寄生科包括 2 亚科（桑寄生亚科和槲寄生亚科）65 属（如桑寄生属、槲寄生属）约 1300 种，其中桑寄生在全世界有 500 多种，中国有 30 余种，主要的有桑寄生、樟寄生 2 种。

菟丝子科菟丝子属分为 3 个亚属，中国常见的有中国菟丝子、南方菟丝子、田野菟丝子。

樟科无根藤属约 20 种，例如无根藤（*Cassytha filiformis*），寄生于杞柳上，分布于南方各省。

列当科包括 15 属约 180 种，中国产 9 属 40 种，例如弯管列当、埃及列当、锯齿列当（均为列当属）。

玄参科独脚金属约 23 种，中国有 3 种、1 变种。

檀香科重寄生属有 7 种，它们以寄生性植物桑寄生、槲寄生为寄主。

寄生性苔藓，我国危害茶树的有 20 多种，例如悬藓（*Barbella pendula* Fleis）、中华木衣藓（*Drummondia sinensis* Mill）。

寄生性地衣，是真菌与藻类的共生体，真菌绝大多数为子囊菌，少数为担子菌，藻类为蓝藻或绿藻。我国危害茶树的地衣有 13 种，如睫毛梅花地衣、树发地衣。

寄生性藻类，是对植物具有寄生和致病力的一类低等植物（少数气生性藻类可在植物体表面营附生或营寄生生活），多见于热带或亚热带地区的果树、茶树林中，寄生在树干或叶片上，引起"藻斑病"或"红锈病"，造成一定损失。常见的寄生性藻类多属于绿藻门的丝藻目、绿球藻目。

头孢藻属（*Cephaleuros*）有 6 个种，主要有 *C. virens*、*C. ciffea*、*C. mininus*、*C. parasitica* 等 4 个种；寄主范围较广，茶、柑橘、荔枝、龙眼、芒果、番石榴、咖啡、可可等均可受害，引起藻斑病。红点藻属（*Rhodochytrium*）的寄主是锦葵科的玫瑰茄，引起叶瘤与矮化症状。

第八节 植物病害诊断识别口诀 ▶▶▶

准确诊断、识别病害是科学合理防治病害的前提和基础。植物病害诊断的程序一般包括：全面细致地观察、检查发病植物的症状；调查询问病史和相关情况；采样检查，镜检或剖检病原物形态或特征性结构；进行必要的专项检查；综合分析病因，提出诊断结论。

识别症状对植物病害诊断大有裨益。许多病害都有明显的症状，不少病害的症状具有独特性，因此可以根据症状对是否发生病害、所发生病害的种类作出初步或明确的诊断。

但是，由于相同的病原在不同寄主或不同环境下可产生不同症状，不同的病原可导致相同的症状，因此除了症状之外，还需进一步鉴定找准病原，并了解寄主和环境条件对症状的影响，从而对病害做出确切诊断。

植物病害症状的多型性给诊断增加了难度，例如水稻白叶枯病有叶缘型、青枯型2种。又如稻瘟病，因为害时期、部位不同分为苗瘟、叶瘟、节瘟、穗颈瘟、枝梗瘟、谷粒瘟；由于气候条件和品种抗病性不同，病斑分为慢性型病斑、急性型病斑、白点型病斑、褐点型病斑等4种类型。再如柑橘树脂病，通常将侵染枝干所发生的病害叫树脂病或流胶病；侵染果皮和叶片所发生的病害叫黑点病或砂皮病；侵染果实使其在贮藏期发生腐烂的叫褐色蒂腐病。

有人总结出病害诊断识别的"八看、十三查、六问、六分"口诀。

八看（即看病状）：一看色泽变没变，二看叶片水渍斑，三看病斑扁或圆，四看斑色深或浅，五看斑纹显不显，六看畸叶是否现，七看霉层产不产，八看植株是否蔫。

十三查（即查病征）：一查根茎皮层是否有腐烂，二查维管导管是否有色变，三查叶斑是否受叶脉所限，四查病斑霉粉是否正背面，五查病斑霉层颜色深或浅，六查早晨叶片是否有渍斑，七查病斑干湿是否有裂穿，八查叶斑在中间或是边缘，九查叶斑在分杈或是枝干，十查花朵果实是否把病染，十一查是否有臭氧鼻中窜，十二查病斑显霉用个保温碗，十三查菌源在显微镜下观看。

六问（即问生产者）：一问施的什么肥料，二问喷的什么农药，三问灌水多和少，四问茬口倒没倒，五问光照强或弱，六问温度低和高。

六分（即分类确诊）：一是真菌细菌要分清，二是病毒生理要
分清，三是前后症状要分清，四是肥药病害要分清，五是相似病害
要分清，六是同病异症要分清。

植物病害 6 大类型及常见病害种类见表 2-3 和彩图 1～彩图 71
所示。

表 2-3　植物病害类型与病害举例

病害类型		病害举例	彩图
(1)真菌病害	高等真菌病害	如黑星病、黑痘病、黑斑病、褐斑病、斑枯病、叶枯病、叶斑病、炭疽病、早疫病……	见彩图 1～彩图 38
		如白粉病、黑粉病	
		如锈病	
		如灰霉病	
		如枯萎病	
		如立枯病	
	低等真菌病害	如霜霉病、晚疫病、绵疫病、疫病、霜疫霉病、白锈病	见彩图 39～彩图 55
		如猝倒病	
		如根腐病	
		如根肿病	
(2)细菌病害		如溃疡病、青枯病、疮痂病、黄龙病	见彩图 56～彩图 60
(3)病毒病害		如花叶病	见彩图 61～彩图 63
(4)线虫病害		如根结线虫	见彩图 64～彩图 66
(5)原生动物及寄生性植物病害		如菟丝子、苔藓、地衣、藻斑类	见彩图 67～彩图 68
(6)生理性病害		如缺素、裂果	见彩图 69～彩图 71

下面是 25 种具体病害的诊断识别顺口溜。

1. 苗期猝倒病

病苗茎基像水烫，颜色改变呈褐黄。

病部缢缩形似线，高湿子叶易腐烂。

初发倒伏个别点，严重倒伏一大片。

2. 苗期立枯病

发病多于苗中期，茎基病斑暗褐色。

病斑椭圆渐凹陷，扩大绕茎一圈转。

夜间恢复白天蔫，茎基潮湿易腐烂。
最后收缩全枯干，直至死亡直立站。

3. 苗期沤根

根部锈褐颜色变，不生新根快腐烂。
叶片发黄色变淡，不生新叶呈萎蔫。
低温连阴无光照，湿度过大是前兆。

4. 黄瓜花打顶

顶点节间已缩短，雌雄花朵合一点。
瓜秧顶端无心叶，提高产量很困难。

5. 黄瓜枯萎病

茎基节间黄条斑，晚间恢复白天蔫。
病部纵裂流胶黏，维管变褐是特点。

6. 黄瓜白粉病

正反叶面白粉点，扩大成圆白粉斑。
温暖高湿连成片，很像叶面撒了面。
后期严重生黑点，叶片易脆功能完。

7. 黄瓜角斑病

角斑霜霉易混淆，真菌细菌须知道。
病斑形状呈多角，霜霉大而角斑小。
霜霉病斑黄褐色，角斑病斑灰白浅。
前者叶背生黑霉，后者叶背脓液白。
霜霉病斑暗无光，多角病斑能透亮。

8. 黄瓜霜霉病

叶片呈现水浸斑，扩大后受叶脉限。
病斑多角淡褐色，后期病斑汇成片。
潮湿叶背黑霉连，严重全叶干枯完。

9. 黄瓜灰霉病

病菌多从残花染，密生灰霉幼瓜烂。
病花脱落染叶片，叶片形成大病斑。
或圆或扁无规范，病斑边缘很明显。

被害部位霉可见，茎秆感染也腐烂。

10. 西葫芦灰霉病

病菌多从残花染，病花腐烂霉层显。
感染幼瓜快发展，密生灰霉幼瓜烂。
病花病瓜传染源，清除不及要蔓延。

11. 西葫芦病毒病

葫芦病毒多叶片，卷曲花叶和条斑。
节间缩短株矮化，病株瓜少或无瓜。
病毒严重看心叶，叶心变小呈鸡爪。
秋茬葫芦病毒多，防蚜传播要记牢。

12. 番茄早疫病

病初黑圆小斑点，渐大边缘黄晕环，
同心轮纹最明显，危害果茎多叶片，
下部叶片多病斑，高温高湿快发展。

13. 番茄灰霉病

病害多自残花染，青果多从果蒂烂。
叶片发病始叶尖，向内扩展 V 形斑。
密生灰霉病斑面，茎秆染病轮纹斑。
病斑环缢易折断，茎蔓枯死不用谈。

14. 番茄叶霉病

高温高湿是条件，该病初发自叶片。
叶背出现浅黄斑，病斑无形或椭圆。
叶片正面变黄色，叶背病斑生绒霉。
病斑扩大叶脉限，叶脉之间成大斑。
下部叶片先感染，病叶严重叶片卷。

15. 番茄晚疫病

病生叶缘和叶尖，出现无形水渍斑。
叶斑扩大色变褐，病界叶背生白霉。
叶柄茎部褐腐烂，病上植株成萎蔫。
茎上病斑稍凹陷，白霉状物较明显。

果实染病斑块硬，色变黑褐成云纹。
潮湿白霉盖病斑，质地硬实不腐软。

16. 番茄卷叶生理病

番茄卷叶棚室多，大量坐果养分耗。
过干过湿氮肥多，品种差异须知道。

17. 辣椒病毒病

辣椒病毒症状多，花叶黄化坏死加畸形。
花叶病叶有特症，浓淡相间斑纹形。
叶面凹凸很不平，生长缓慢很分明。
黄化坏死畸形症，病叶增厚变了形。
叶片褪绿色变黄，小丛蕨叶呈线状。
节间缩短株矮化，落叶落果易落花。

18. 辣椒白粉病

叶背脉间产白霉，霉处叶面始褪色。
病叶出现黄色斑，叶背白霉续发展。
叶片变黄易脱落，严重之时留顶梢。

19. 辣椒炭疽病

病斑初为水渍点，渐变褐色形近圆。
病斑中间灰色斑，其上轮生小黑点。
果实病斑有凹陷，形状不定近似圆。
同心轮纹有黑点，潮湿易黏红色显。
病部干时缩似膜，膜状常常易裂破。

20. 辣椒灰叶斑病

苗期成株均发病，危害茎秆和叶片。
初为散生小褐点，形状不定或近圆。
病斑中间灰白色，常常脱落还穿孔。
病斑越多叶越落，严重之时剩枝条。

21. 辣椒灰霉病

叶茎花器均感染，幼苗染病颜色变。
幼茎发病缢缩变，病部枯死而折断。

低温高湿病叶烂，一上灰霉呈一片。
茎上染病水渍斑，病斑绕茎围一圈。
病上枝叶呈萎蔫，灰霉状物生表面。
枝条染病延至杈，花器染病看花瓣。
花瓣变褐生灰霉，果实生病皮灰白。

22. 辣椒疫病

叶片发病看病斑，病斑暗绿形状圆。
高湿叶黑速凋萎，表面产生白色霉。
病叶干燥色变褐，病重叶片整株落。
茎部受害多分杈，扩展后呈大块斑。
色变黑褐皮层烂，病上枝叶枯死蔫。

23. 西瓜甜瓜白粉病

发病初期害叶片，叶片出现白霉点。
扩展后成白霉斑，严重叶片菌丝满。
病后叶片色变灰，随后变黄干枯脆。

24. 西瓜甜瓜霜霉病

苗期成株均感染，子叶染病水渍状。
病斑扩展色变褐，湿时叶背出霉物。
叶片染病黄色斑，病斑多角叶脉限。
晨露雾气快发展，湿度大时成大斑。
严重叶卷呈枯干，剩余好叶在梢端。

25. 西瓜甜瓜炭疽病

苗期成株均感染，子叶染病在边缘。
病斑呈褐把色变，外围常有黄晕圈。
病生黑色小粒点，有时变红手摸黏。
茎基发病色变褐，收缩变细幼苗倒。
成株染病叶和蔓，真叶发病水浸斑。
病斑无形或近圆，有时出现轮纹圈。
干燥病斑穿孔破，潮湿出现粉红物。
果实染病水浸凹，凹陷常裂色变褐。
高湿手摸红色黏，严重病斑连片烂。

第九节 | 植物病害科学防控策略 ▶▶▶

一、更强调"综合防治"

在 1975 年全国植保工作会上，确定了"预防为主，综合防治"为我国植物保护工作的方针。"预防为主"包括以下 3 方面内容：消灭病虫来源降低发生基数；恶化病虫发生为害的环境条件；及时采取适当措施，消灭病虫在大量显著为害之前。"综合防治"可以针对某一种病害或虫害，也可以针对某种在本地区发生的主要病虫，通过实施一系列的防治措施，达到控制其为害的目的。"综合防治"的内容一般包括植物检疫（又叫法规防治）、农业防治、物理防治（又叫物理机械防治）、生物防治、化学防治 5 大类。

植物病害的防治原则是：消灭病原物或抑制其发生与蔓延；提高寄生植物的抗病能力；控制或改造环境条件，使之有利于寄主植物而不利于病原物，从而抑制病害的发生和发展。强调以预防为主，因时因地根据作物病害的发生、发展规律，采取具体的综合治理措施。每项措施要充分发挥农业生态体系中的有利因素，避免不利因素，特别是避免造成公害和人畜中毒，使病害压低到经济允许水平之下，以求达到最大的经济效益。防治的方法和措施主要如下：

1. 植物检疫

以立法手段防止在植物及其产品的流通过程中传播病虫害的措施，由植物检疫机构按检疫法规强制性实施。严格执行植物检疫法规可保护无病区，限制和缩小疫区，铲除新传入而未蔓延开的包含病原物在内的检疫性病虫和杂草。

2. 农业防治

（1）抗病育种　培育抗病品种是经济有效的防治方法。在防治传染快、潜育期短、面积大的气传和土传病害（如小麦锈病、稻瘟病、棉花枯萎病、棉花黄萎病等）等方面应用尤为普遍。为防止抗病品种遗传基因单一化，可利用诱发病圃或人工接种方法，鉴定对不同病原物和不同专化小种的抗病品种，通过杂交，集中多个抗病主效基因于一个或几个栽培品种，并结合农艺性状优良和高产育种，培育出高产优质的多抗性和兼抗性品种。还可利用植物体细胞杂交，导入抗病基因，以及将植物的抗病物质通过细胞质遗传以提高植物的抗病性。

（2）栽培防治　改进耕作制度可改变病原物严重发生的生态条件，有利于作物生长发育和提高抗病能力。如轮作可防治棉花枯萎病、黄萎病等土传病害；保持果园田间清洁，可消灭或降低越冬菌量；严禁操作人员在烟草田和番茄田吸烟，移苗或整枝打杈前用肥皂水洗手，可防止烟草花叶病毒传染；适期播种、宽窄行密植和增施厩肥与饼肥，可使玉米大、小斑病为害减轻；深沟窄行可降低地下水位和土壤湿度，从而减轻小麦赤霉病；勤灌对控制水稻白叶枯病有较好效果；除草灭虫可减少病原物侵染来源或错开病原物发育的最适季节；建立无病种苗基地可防止种苗传病等。

3. 物理防治

有多种方法，如通过筛选、风选种子或泥水、盐水选种，可利用不同相对密度汰除受病害的子粒；播种前晒种，用1‰石灰水浸种或用一定温度的温汤浸种，可有效地防治由种子传带的多种稻病和麦病；烧土和熏土对防治某些土传病害如花生青枯病、十字花科软腐病有一定效果；在温室内以一定温度处理果苗，可钝化某些果苗内病毒以防治病毒病；贮藏室（窖）短时间升温可促进薯块伤口愈合以防治甘薯软腐病；在温床用高温蒸汽进行土壤灭菌，可防治立枯病、猝倒病等。此外，各种射线、超声微波、高频电流也在试用于病虫防治。

4. 生物防治

主要是利用或协调有益微生物与病原物之间的相互关系，使之有利于微生物而不利于病原物的生长发育，以防治病害。如土壤和植物根际的大量微生物群与病原物之间的拮抗作用就常被用于防治土传病害。由于不同作物根际的微生物群种类和数量有差异，因此轮作对调整土壤和作物根际的有益微生物以及病原物之间的相互关系有很大的影响，很多病害可以通过轮作减轻发病程度。

此外，将一些化学物质施入土壤或植物根际也可刺激某些微生物的大量繁殖，从而抑制某些病害。使用微生物农药可减轻污染，避免杀死有益生物从而保护农业生态系统的稳定，并弥补化学农药之不足。因此，扩大拮抗菌、占领菌、诱抗菌、促生菌、增产菌、催熟菌等的利用，将使植物病害的生物防治有更大的发展。

5. 化学防治

应用化学药剂消灭病原物使作物不受侵害。本书收录化学杀菌剂单剂品种（有效成分）200多种。

二、更强调"预防为主"

防治害虫很多时候是见虫打虫，防除杂草也可以见草打草进行茎叶处理，而病害发生具有特殊性，更强调预防为主，预防比治疗愈加重要。有些病害危害植物有一个潜伏生长期，在此期间外观上常不显示病状，例如黑穗病从种子发芽即侵入，直到抽穗时才表现病状，此时再防治，为时已晚完全无效。许多病害流行速率高，一旦发生，很难控制，损失巨大，例如水稻穗颈瘟，可防不可治，在水稻破口前施药效果最佳（使用三环唑，第一次喷药最迟不宜超过破口后 3d）。

保护性杀菌剂最好要在发病前施药，最迟在发病初期及时施药。一旦病菌已经侵入，任何保护性杀菌剂都不应再用，施后也无效。

内吸性杀菌剂也不是无论何时施药都可发挥效果的，例如叶斑病已在叶片或果实上出现病斑，使用什么杀菌剂都不能让病斑消除，作物实际上已受害，因此即使是高效的内吸性、治疗性杀菌剂也应适期早用，才能充分发挥其保护、治疗作用。

三、更强调"六适要领"

良药良法。看作物"适类"用药，看病害"适症"用药，看天地"适境"用药，看关键"适时"用药，看精准"适量"用药，看过程"适法"用药，这就是杀菌剂的使用要领，可概括为"六看要领"或"六适要领"。

四、更强调"抗性治理"

病原物产生抗药性后，会导致杀菌剂防效降低甚至失效。内吸性杀菌剂、单作用位点杀菌剂容易产生抗药性。为了防止抗药性产生、发展或加强，建议不同作用机理、不同作用靶标杀菌剂轮换使用、搭配使用、混配使用（有的杀菌剂上市之初即以混剂面市）。

五、更强调"围魏救赵"

许多病害依靠昆虫、螨类或其他生物传播，做好这些有害生物的控制是有效防治病害的基础。

第三章
杀菌剂品种 ▶▶▶

第一节 │ 化学杀菌剂的类型 ▶▶▶

　　杀菌剂按照产品性质分为化学杀菌剂、生物杀菌剂2大类。

　　化学杀菌剂按物质类别又可细分为无机杀菌剂、有机杀菌剂2类。无机杀菌剂的有效成分为无机化合物（简称无机物）或单质（如碘、硫黄）。有机杀菌剂的有效成分为有机化合物（简称有机物）。绝大多数有机杀菌剂都是人工合成的。

　　化学杀菌剂按物质来源又可细分为天然杀菌剂、合成杀菌剂2类。天然杀菌剂如矿物源的硫酸铜（属于无机物）、矿物油（属于有机物）。在目前使用的杀菌剂中，合成杀菌剂品种占比颇高。

　　根据2002年5月24日农业部发布的199号公告等规定，汞制剂、砷类等杀菌剂国家已命令禁止使用。汞制剂如西力生（氯化乙基汞）、赛力散（醋酸苯汞）。砷类如福美胂、福美甲胂、甲基胂酸铁、甲基胂酸锌（稻脚青）、甲基胂酸钙（稻宁）、甲基胂酸铁胺（田安）、硫化甲基砷（苏化-911）、双十二烷基硫化甲胂（月桂胂）、双异丙基黄原酸酯甲胂（黄原胂）。过去曾广泛使用的三元混剂退菌特由福美甲胂、福美锌、福美双构成，也在禁用之列。

一、无机杀菌剂的类型

　　无机杀菌剂的类型和品种不多，包括无机硫杀菌剂（如硫黄、石硫合剂、多硫化钡、多硫化铵）、无机铜杀菌剂（如波尔多液、碱式硫酸铜、硫酸铜、硫酸铜钙、氢氧化铜、氧化亚铜、氧氯化铜）、无机汞杀菌剂（如氯化汞，俗称升汞）、无机碘杀菌剂（如碘）、其他无机杀菌剂（如高锰酸钾、氧化钙、硼酸锌、硫酸锌、四水八硼酸二钠）。

二、有机杀菌剂的类型

有机杀菌剂多由人工合成，故又称有机合成杀菌剂，按化学结构分为甲氧基丙烯酸酯类、酰胺和磺酰胺类、氨基甲酸酯类、苯并咪唑类、咪唑类、三唑类等 20 多类，品种数百个。由于分类或粗或细，因而不同资料分出来的化学结构的类型名称和类型个数不尽相同。最早形成体系的有机合成杀菌剂为有机硫类、有机金属类、有机磷类。

1. 甲氧基丙烯酸酯类

甲氧基丙烯酸酯（strobilurin）类杀菌剂是一类作用机理独特、极具发展潜力和市场活力的新型杀菌剂。首例产品嘧菌酯上市时间为 1996 年。

我国甲氧基丙烯酸酯类杀菌剂开发方兴未艾，国外厂家第一款产品 25%嘧菌酯悬浮剂（阿米西达）于 2001 年获准登记，参 LS200119；第二款产品 50%醚菌酯干悬浮剂（翠贝）于 2002 年获准登记，参 LS20020032。国内厂家第一款产品醚菌酯原药于 2002 年获准登记，参 LS20022112。我国创制的拥有自主知识产权的第一个品种是烯肟菌酯（沈阳化工研究院，1997），于 2002 年获准登记，参 LS20021761。此外我国还创制了烯肟菌胺、丁香菌酯、苯醚菌酯、唑菌酯。据统计，截至 2013 年 9 月 19 日，获准我国农业部登记的甲氧基丙烯酸酯类杀菌剂共有 13 个品种。

2. 酰胺和磺酰胺类

酰胺和磺酰胺类杀菌剂品种很多，如灭锈胺、甲霜灵、苯霜灵、双氯氰菌胺、磺菌胺、噻氟菌胺、氟酰胺、叶枯酞、环丙酰菌胺、环酰菌胺、氰菌胺、硅噻菌胺、呋吡菌胺、苯酰菌胺、甲呋酰胺、萎锈灵。《世界农药大全：杀菌剂卷》介绍酰胺类杀菌剂逾 54

个，约占整个杀菌剂的 20%～25%，细分为酰胺类、酰基氨基酸类、苯酰胺类、呋酰胺类、苯基磺酰胺类、缬氨酸酰胺类、酰基苯胺类、苯酰基苯胺类、呋酰基苯胺类、磺酰基苯胺类等小类，重点介绍了氟吗啉、烯酰吗啉、高效甲霜灵、高效苯霜灵、双氯氰菌胺、磺菌胺、甲磺菌胺、噻氟菌胺、噻酰菌胺、氟酰胺、叶枯酞、环丙酰菌胺、环氟菌胺、环酰菌胺、氰菌胺、硅噻菌胺、呋吡菌胺、吡噻菌胺、双炔酰菌胺、苯酰菌胺、甲呋菌胺、萎锈灵。

3. 氨基甲酸酯类

氨基甲酸酯类（包括硫代氨基甲酸酯类）杀菌剂逾 14 个品种，如乙霉威、霜霉威、霜霉威盐酸盐、磺菌威、苯噻菌胺、异丙菌胺。

4. 苯并咪唑类

苯并咪唑类杀菌剂最早发现于 1960 年，20 世纪 70 年代初进入市场，80 年代兽兴旺一时，后由于三唑类杀菌剂的兴起而逐渐衰落（不过甲基硫菌灵、多菌灵等仍有相当的市场）。此类产品如多菌灵、苯菌灵、噻菌灵、麦穗宁、丙硫唑、多菌灵草酸盐、多菌灵盐酸盐、多菌灵磺酸盐、硫菌灵、甲基硫菌灵。虽然硫菌灵、甲基硫菌灵在化学结构上属于取代苯类，但其施用后在植物体内转化为多菌灵起作用，故也将它们归入此类。

5. 羧酰亚胺类

羧酰亚胺类杀菌剂品种如克菌丹、灭菌丹、菌核利、乙烯菌核利、异菌脲、腐霉利。有的资料将此类细分为二羧酰亚胺类、邻苯二羧酰亚胺类；早在 1961 年即开发并上市，并有一些众所周知的著名品种如克菌丹、异菌脲、腐霉利。有的资料称为二甲酰亚胺类。

6. 咪唑类

咪唑类杀菌剂产品有咪鲜胺、抑霉唑、氟菌唑、氰霜唑、噁咪唑、稻瘟酯等。

7. 三唑类

三唑类杀菌剂是 20 世纪 70 年代问世的，受到普遍重视，各大农药公司竞相开发。第一个商品化的品种为 1974 年拜耳公司开发的三唑酮。三唑类杀菌剂曾是世界上最大的杀菌剂系列，截至 2005 年 6 月，全世界共开发了 33 个品种，《世界农药大全：杀菌剂卷》收录 26 个。据统计，获得我国农业部登记的三唑类杀菌剂品种已逾 22 个。

中文通用名称以"唑酮"结尾的如三唑酮，以"唑醇"结尾的如戊唑醇、己唑醇、烯唑醇、R-烯唑醇、三唑醇、联苯三唑醇、环丙唑醇、粉唑醇，以"环唑"结尾的如苯醚甲环唑、丙环唑、氟环唑，以"醚唑"结尾的如四氟醚唑，以"苯唑"结尾的如腈苯唑，以"胺唑"结尾的如亚胺唑，以"硅唑"结尾的如氟硅唑，以"菌唑"结尾的如戊菌唑、腈菌唑、灭菌唑、种菌唑。

8. 有机硫类

在有机合成杀菌剂发展初期，化学结构类型少，品种数量不多，常根据其所含重要元素分成有机硫类、有机磷类、有机胂类、有机汞类、有机锡类等。

有机硫类杀菌剂是最早研制的有机杀菌剂，始于 20 世纪 30 年代，到 20 世纪 80 年代累计开发了上百个品种，如代森铵、代森钠、代森锰、代森锌、代森锰锌、甲基代森镍、代森联、丙森锌、福美锌、福美铁、福美胂、福美镍、福美甲胂、福美双、乙蒜素、二硫氰基甲烷，其中常用的有 10～20 种，是世界性大吨位农药。20 世纪 70 年代有机硫杀菌剂曾一度占世界杀菌剂市场的首位，后由于内吸性杀菌剂的发展，其市场占有率有所下降。中国于 20 世纪 50 年代开始研制和开发，主要品种有代森锌、代森铵、敌锈钠、福美双、福美胂、福美炭疽、三福美、代森锰锌等。

有机硫类杀菌剂按已知的化学结构分为 7 类，其中二硫代氨基甲酸类衍生物是最重要的一类，又常区分为 3 小类：亚乙基双二硫代氨基甲酸（代森系），如代森钠、代森锌、代森锰锌；二烷氨基二硫代甲酸盐（福美系），如福美锌、福美铁；二分子二甲基二硫代氨基甲酸氧化物（秋兰姆及其类似物），如福美双。

9. 有机铜类

有机铜类杀菌剂如乙酸铜、噻菌铜、喹啉铜、壬菌铜、松脂酸铜等。

10. 有机磷类

有机磷类杀菌剂逾 11 个品种,如敌瘟磷、吡菌磷、稻瘟净、异稻瘟净、三乙膦酸铝、甲基立枯磷。

11. 其他

有的资料还分出了胍类、脲类、苯类、取代苯类、吡唑类、喹啉类、哌啶类、哌嗪类、三嗪类、萘醌类、苯胺类、磺胺类、酰酰亚胺类、氨基酸类、有机磷酸盐类、有机磷酸酯类、硝基苯类、异噁唑类、苯并噻唑类等类型,见表 3-1。

表 3-1　其他有机杀菌剂的类型与品种

类型名称	品 种 举 例
有机氮类	双胍辛胺、双胍辛胺三苯磺酸盐
有机胂类	田安(甲基胂酸铁铵)、甲基胂酸锌、甲基硫胂
有机汞类	氯化乙基汞(西力生)、氯化苯汞、醋酸苯汞(赛力散)
有机锡类	薯瘟锡、毒菌锡、三苯基乙酸锡
噁唑类	噁霉灵、噁霜灵、噁唑菌酮
噻唑类	土菌灵、辛噻酮、苯噻硫氰、烯丙异噻唑、活化酯
吗啉类	十二环吗啉、十三吗啉、丁苯吗啉、烯酰吗啉
吡咯类	拌种咯、咯菌腈
吡啶类	氟啶胺、啶斑肟、环啶菌胺、啶酰菌胺、啶菌胺
嘧啶类	嘧霉胺、嘧菌胺、嘧菌环胺、嘧菌腙、氟嘧菌胺、氯苯嘧啶醇、氟苯嘧啶醇、二甲嘧酚、乙嘧酚、乙嘧酚磺酸盐(有的资料将第 1~5 个品种作为嘧啶类的小类,称为嘧啶胺类;将第 6~10 个品种作为嘧啶类的小类,称为嘧啶醇和嘧啶酚类。有的资料将嘧霉胺、嘧菌胺、嘧菌环胺归为苯胺基嘧啶类,将嘧菌腙归为嘧啶腙类,将氟嘧菌胺归为嘧啶胺类)
其他	三氯异氰尿酸、氯溴异氰尿酸、苯酰菌胺、戊菌隆、氟酰胺、噻呋酰胺、稻瘟灵、硅氟唑、咯喹酮、环丙酰菌胺、稻瘟酰胺、活化酯、烯丙苯噻唑、苯霜灵、呋霜灵、甲霜灵、精甲霜灵、乙嘧酚磺酸盐、辛噻酮、乙霉威、噻唑菌胺、氟吡菌胺、氟啶菌酰胺、呋吡菌胺、氟啶胺、霜脲氰、百菌清、硅噻菌胺、叶菌唑、丙硫菌唑、苯锈啶、萎锈灵、五氯硝基苯、土菌灵、嘧菌环胺、溴菌腈、二氰蒽醌、氟唑环菌胺、嘧菌环胺、氟唑菌苯胺、缬霉威、苯菌酮、氟噻唑吡乙酮

三、琥珀酸脱氢酶抑制剂

早在 1969 年,琥珀酸脱氢酶抑制剂(succinate dehydrogenase

inhibitors，SDHI）类杀菌剂中的萎锈灵上市。这显然要早于 20 世纪 70 年代开发的三唑类杀菌剂，更早于 20 世纪 90 年代开发的甲氧基丙烯酸酯类杀菌剂。但直到 2009 年，琥珀酸脱氢酶抑制剂方自成体系，国际杀菌剂抗性行动委员会（FRAC）在这一年根据作用机理给这类产品单独归类，它们因作用于病原菌线粒体呼吸系统的琥珀酸脱氢酶而正式有了名分。

酰胺类杀菌剂是一类传统的杀菌剂，SDHI 类杀菌剂无一短缺"酰胺"基团，该类产品已征战市场近半个世纪。然而最近，SDHI 类杀菌剂新品迭出，而且新品上市后增长势头迅猛，吸引了前所未有的关注，是典型的慢热型产品。

2003 年上市的啶酰菌胺是 SDHI 类杀菌剂发展史上的重要里程碑，其 2005 年销售额破亿美元，2012 年销售额超 3 亿美元，从而吸引了众多公司对该类产品重新审视，并在该领域投入精力和财力。

除日本的多家公司外，目前世界前六大农药公司皆已直接或间接地参与到 SDHI 类杀菌剂的开发中，迄今进入市场或正在开发的品种已有 18 个。国内的研发机构也不约而同地将目光聚焦到这里，预期不久将会有新品出炉。

与全球第一大类杀菌剂——甲氧基丙烯酸酯类杀菌剂起步就广谱不同，SDHI 类杀菌剂则从防治锈病开始，尤其擅长防治担子菌引起的病害。近年来开发的 SDHI 类杀菌剂具有结构新颖、活性高和杀菌谱广的特点，并具有提高作物品质和产量的作用，从而造就了其良好的市场表现。各大公司对此类杀菌剂的发展寄予厚望，如巴斯夫对氟唑菌酰胺寄予的峰值销售潜能高达 6 亿欧元，先正达则预测苯并烯氟菌唑的年峰值销售额将超过 5 亿美元。

2011 年 SDHI 类杀菌剂的全球销售额为 5.81 亿美元，占全球农药销售额的 1.2%。从表观数据看，这可能是发展缓慢的一类品种。但随着第 3 代广谱、高活性 SDHI 类杀菌剂的陆续上市，该类产品的销售额呈现快速上升态势。尤其是 2010 年以来，其增速更是明显提升。由此认为，SDHI 类杀菌剂目前虽还是杀菌剂中的小众，但前景看好。

SDHI 类杀菌剂的开发公司,尤其是其中的世界一流公司,带着这些新近开发出来的专利产品扎堆来到中国,让中国市场倍感压力,且这些产品的应用由大田作物转向果蔬等经济作物。

SDHI 类杀菌剂中,啶酰菌胺和噻呋酰胺因为它们不仅产品性能较好,而且专利保护已经到期,尤其是噻呋酰胺,其对水稻纹枯病的杰出防效最为国内行业所认知,从而在国内掀起了一股开发热潮。新一代 SDHI 类杀菌剂也将对我国杀菌剂的创新研究与开发起到引领作用。表 3-2 所示为已上市或将上市的 SDHI 类杀菌剂。

表 3-2 已上市或将上市的琥珀酸脱氢酶抑制剂类杀菌剂

英文通用名称	中文通用名称	结构类型	创制公司	上市年份
carboxin	萎锈灵	氧硫杂环己二烯酰胺类	美国有利来路(现科聚亚)	1969
oxycarboxin	氧化萎锈灵	氧硫杂环己二烯酰胺类	美国有利来路(现科聚亚)	1975
mepronil	灭锈胺	苯基苯甲酰胺类	日本组合化学工业株式会社	1981
flutolanil	氟酰胺	苯基苯甲酰胺类	日本农药株式会社	1986
benodanil	麦锈灵	苯基苯甲酰胺类	巴斯夫	1986
fenfuram	甲呋酰胺	呋喃酰胺类	壳牌(现拜耳作物科学)	—
furametpyr	呋吡菌胺	吡唑酰胺类	住友化学工业株式会社	1997
thifluzamide	噻呋酰胺	噻唑酰胺类	孟山都	1997
boscalid	啶酰菌胺	吡啶酰胺类	巴斯夫	2003
penthiopyrad	吡噻菌胺	吡唑酰胺类	日本三井化学株式会社	2009
isopyrazam	吡唑萘菌胺	吡唑酰胺类	先正达	2010
fluxapyroxad	氟唑菌酰胺	吡唑酰胺类	巴斯夫	2011
bixafen	联苯吡菌胺	吡唑酰胺类	拜耳作物科学	2011
sedaxane	氟唑环菌胺	吡唑酰胺类	先正达	2011
penflufen	氟唑菌苯胺	吡唑酰胺类	拜耳作物科学	2012
fluopyram	氟吡菌酰胺	吡啶乙基苯甲酰胺类	拜耳作物科学	2012
benzovindiflupyr	苯并烯氟菌唑	吡唑酰胺类	先正达	2013
isofetamid		噻吩酰胺类	日本石原产业株式会社	即将上市

四、我国创制的杀菌剂

1972 年我国首个开发的农药杀菌剂是多菌灵，在防治小麦赤霉病方面取得了令人满意的效果。自 20 世纪 90 年代起，国内农药界正式迈入自主开创农药产品行列，到目前为止创制的农药品种有50 多个，其中创制的不少农药是杀菌剂品种，约有 20 多个。据不完全统计，截至 2016 年 11 月底，我国自主创制并获得登记的农药新品种有 48 个，其中杀虫剂 15 个、杀菌剂 22 个、除草剂 7 个、植物生长调节剂 4 个；正式登记有效期内的 23 个，占比 47.92%，临时登记有效期内的 3 个，占比 6.25%，临时登记届满后未续展，处于无效状态的 22 个，占比 45.83%。

1994 年由沈阳化工研究院第一个自主创制的农药品种是杀菌剂氟吗啉，它隶属于丙烯酰胺类杀菌剂；然后国内相继创制开发许多新颖的杀菌剂农药产品，如丁吡吗啉、唑菌酯、丁香菌酯、苯醚菌酯、唑胺菌酯、氟菌螨酯、氯啶菌酯、烯肟菌酯、烯肟菌胺等。其中，唑菌酯、丁香菌酯、苯醚菌酯、唑胺菌酯、氟菌螨酯、氯啶菌酯、烯肟菌酯、烯肟菌胺等产品隶属于甲氧基丙烯酸酯类杀菌剂。其他创制品种如噻菌铜、苯噻菌酯、氟唑活化酯、氟苯醚酰胺、氯苯醚酰胺、环己磺菌胺、申嗪霉素、金核霉素、长川霉素、菲啶毒清、中科 3 号、中科 6 号等。表 3-3 所示为我国创制的获得登记的杀菌剂品种。

表 3-3　我国创制的获得登记的杀菌剂品种

名称	化学类别	开发单位	登记情况	原药登记企业
氟吗啉	吗啉类	沈阳化工研究院	PD20060039 (LS992117)	沈阳科创化学品有限公司
烯肟菌酯	甲氧基丙烯酸酯类	沈阳化工研究院	PD20070339 (LS20021762)	沈阳科创化学品有限公司
啶菌噁唑	噁唑类	沈阳化工研究院	PD20080773 (LS20021763)	沈阳科创化学品有限公司
噻菌铜	噻二唑类	浙江龙湾化工有限公司	PD20086025 (LS20001367)	浙江龙湾化工有限公司

名称	化学类别	开发单位	登记情况	原药登记企业
烯肟菌胺	甲氧基丙烯酸酯类	沈阳化工研究院	PD20095214 (LS20041760)	沈阳科创化学品有限公司
噻唑锌	噻唑类	浙江新农化工股份有限公司	PD20096839 (LS20041926)	浙江新农化工股份有限公司
宁南霉素	抗生素类	中国科学院成都生物研究所	PD20097120	德强生物股份有限公司
申嗪霉素	抗生素类	上海交通大学	PD20110314 (LS20031381)	上海农乐生物制品股份有限公司
氰烯菌酯	氰基丙烯酸酯类	江苏省农药研究所	PD20121663 (LS20072660)	江苏省农药研究所股份有限公司
苯醚菌酯	甲氧基丙烯酸酯类	浙江化工研究院	PD20151573 (LS20082961)	浙江禾田化工有限公司
氯啶菌酯	甲氧基丙烯酸酯类	沈阳化工研究院	PD20161257 (LS20120039)	江苏宝灵化工股份有限公司
丁香菌酯	甲氧基丙烯酸酯类	沈阳化工研究院	PD20161260 (LS20100160)	吉林省八达农药有限公司
毒氟磷	有机磷类	贵州大学	PD20160339 (LS20071280)	广西田园生化股份有限公司/广西康赛德农化有限公司
氟醚菌酰胺	含氟苯甲酰胺类	山东省联合农药工业有限公司/山东农业大学	LS20150222	山东省联合农药工业有限公司
酚菌酮	—	江苏腾龙生物药业有限公司	LS20150190	江苏腾龙生物药业有限公司
氟唑活化酯	新型植物诱导抗病激活剂	华东理工大学	LS20150091	江苏省南通泰禾化工有限公司
金核霉素	抗生素类	上海市农药研究所	LS20021932 (过期)	上海农乐生物制品股份有限公司
长川霉素	抗生素类	上海市农药研究所	LS20041956/ LS20072567 (过期)	上海南申科技开发有限公司/浙江海正化工股份有限公司
唑菌酯	甲氧基丙烯酸酯类	沈阳化工研究院	LS20091072 (过期)	沈阳科创化学品有限公司

名称	化学类别	开发单位	登记情况	原药登记企业
丁吡吗啉	吗啉类	中国农业大学	LS20110180（过期）	江苏耘农化工有限公司
唑胺菌酯	甲氧基丙烯酸酯类	沈阳化工研究院	LS20110235（过期）	沈阳科创化学品有限公司
甲噻诱胺	噻二唑酰胺类	南开大学	LS20130370（过期）	利尔化学股份有限公司

第二节 │ 生物杀菌剂的类型 ≫≫

生物农药的含义和范围，现在和过去有出入，不同国家和地区也有所差异。

笔者认为，可以从 2 个层面对生物农药进行解析。

第一是通常意义上，生物农药是指利用生物活体、生物内含物、生物代谢产物或生物特定基因而制成的农药，包括微生物活体农药、农用抗生素、植物源农药、转基因生物、商业化天敌生物。

第二是广泛意义上，生物农药还包括生物＋化学农药、生物化学农药。

1982 年 9 月 1 日发布的《农药登记规定实施细则》中定义生物农药系指用于防治农林牧业病虫草害或调节植物生长的微生物及植物来源的农药。《农药管理条例》和《农药管理条例实施办法》尚未给出生物农药的法定解释。目前对于下列 3 类农药是否归入生物农药存在颇多争议，一是农用抗生素，例如井冈霉素，多数人同意它是生物农药，但也有人认为其真正起作用的是具有特定化学结构的化学成分，应属于化学农药，属于微生物合成的化学农药；二是生物＋化学农药，例如甲氨基阿维菌素苯甲酸盐，它是在发酵产品阿维菌素的基础上合成的，既有生物农药的"血统"，也有化学农药的"妆容"，是半生物合成农药；三是生物化学农药，例如灭幼脲，《农药登记资料规定》将其纳入生物农药管理范畴，而有的人认为应属于化学农药。

本书所称的生物农药是通常意义上的生物农药。为了方便查阅，将生物＋化学农药、生物化学农药放在第三章第八节特殊生物杀菌剂品种单独介绍。各类生物农药概念之间的关系见表3-4。

表3-4　各类生物农药概念之间的关系

管理意义上的生物农药	通常意义上的生物农药	无争议的生物农药	包括微生物活体农药、植物源农药、商业化天敌生物
		有争议的生物农药	包括农用抗生素、转基因生物
	广泛意义上的生物农药	生物＋化学农药	例如甲氨基阿维菌素苯甲酸盐、乙基多杀菌素
		生物化学农药	例如灭幼脲、除虫脲

对于通常意义上的生物农药，从产品来源、利用形式2个方面进行分类，可以清晰地看出各类生物农药之间的相互关系，见表3-5。

表3-5　通常意义上的生物农药的类型

产品来源	利用形式	别　　称	品种举例
微生物源	活体型	微生物活体农药	苏云金杆菌
	抗体型	农用抗生素	井冈霉素、多抗霉素
	载体型	①	
植物源	活体型	①	
	抗体型	植物源农药、植物性农药、植物农药	印楝素
	载体型	转基因生物	转基因棉花、水稻、玉米、番木瓜
动物源	活体型	商业化天敌生物	赤眼蜂
	抗体型	斑蝥素	
	载体型	①	

① 表示目前尚无这类生物农药。

1. 按产品来源分类

生物农药按产品来源分类分为微生物源生物农药、植物源生物农药、动物源生物农药3大类。

（1）微生物源生物农药　是指利用微生物资源开发的生物农药，例如木霉菌、枯草芽孢杆菌。用来开发生物农药的微生物类群很多，涉及真菌、放线菌、细菌、病毒、线虫、原生动物6大类群。

（2）植物源生物农药　　是指利用植物资源开发的生物农药，即有效成分来源于植物体的农药，例如印楝素、苦参碱。

（3）动物源生物农药　　是指利用动物资源开发的生物农药，例如平腹小蜂、松毛虫赤眼蜂。

2. 按利用形式分类

生物农药按利用形式分为活体型生物农药、抗体型生物农药、载体型生物农药等 3 大类。在我国研究开发的生物农药单剂品种（有效成分）中，这 3 类农药分别约占 30%、67%、3%。

（1）活体型生物农药　　是指利用生物活体制成的生物农药，包括真菌、放线菌、细菌、病毒、线虫、原生动物等 6 类活体型生物农药，例如木霉菌、"5406"（抗生菌为泾阳链霉菌）、苏云金杆菌、菜青虫颗粒体病毒、芜菁夜蛾线虫、蝗虫微孢子虫。微生物源/活体型生物农药通常称为微生物农药，是以细菌、真菌、病毒和原生动物或基因修饰的微生物等活体为有效成分，具有防治病、虫、草、鼠等有害生物作用的农药。动物源/活体型生物农药通常称为天敌生物，是指商业化的具有防治《农药管理条例》第二条所述有害生物的生物活体（微生物农药除外）。

（2）抗体型生物农药　　是指利用生物内含物或生物代谢产物制成的生物农药，例如印楝素（系植物内含物）、井冈霉素（系放线菌微生物代谢产物）。微生物源/抗体型生物农药通常称为农用抗生素。

（3）载体型生物农药　　是指具有防治《农药管理条例》第二条所述有害生物的，利用外源基因工程技术引入抗病、虫、草害的外源基因改变基因组构成的农业生物，即转基因生物。转基因生物不包括自然发生、人工选择和杂交育种，或由化学物理方法诱变，通过细胞工程技术得到的植物和自然发生、人工选择、人工受精、超数排卵、胚胎嵌合、胚胎分割、核移植、倍性操作得到的动物以及通过化学、物理诱变、转导、转化、接合等非重组 DNA 方式进行遗传性状修饰的微生物。

建国 60 多年特别是 1982 年实行农药登记制度以来，我国生物农药获得了长足发展，各类生物农药研发现状见表 3-6，其中生物杀菌剂品种逾 45 个，占生物农药总数的 30% 以上。

表 3-6　我国各类生物农药研发现状

产品来源	利用形式	生物类群	农药类别 杀菌剂	其他 7 类农药	合计
微生物源	活体型	真菌	(6个)寡雄腐霉菌、哈茨木霉菌、木霉菌、噬菌核霉、盾壳霉 ZS-1SB、小盾壳霉 GMCC8325	9	15
		放线菌			0
		细菌	(12个)地衣芽孢杆菌、多黏类芽孢杆菌、放射土壤杆菌、海洋芽孢杆菌、坚强芽孢杆菌、解淀粉芽孢杆菌、枯草芽孢杆菌、蜡样芽孢杆菌、蜡样芽孢杆菌（增产菌）、芽孢杆菌、荧光假单胞菌、甲基营养型芽孢杆菌 9912	8	20
		病毒		15	15
		线虫			0
		原生动物		1	1
	抗体型	放线菌	(20个)长川霉素、春雷霉素、多抗霉素、多抗霉素 B、公主岭霉素、华光霉素、金核霉素、井冈霉素、井冈霉素 A、链霉素、浏阳霉素、硫酸链霉素、嘧啶核苷类抗生素、嘧肽霉素、灭瘟素、宁南霉素、水合霉素、四霉素、武夷菌素、中生菌素	13	33
		细菌	(1个)申嗪霉素	2	3
	载体型	细菌			0
植物源	活体型	高等植物等			0
	抗体型	高等植物等	(13个)大黄素甲醚、大蒜素、丁香酚、儿茶素、高脂膜、核苷酸、黄芩苷、混合脂肪酸、苦参碱、蛇床子素、香芹酚、小檗碱、甾烯醇	38	51
	载体型	高等植物等			0
动物源	活体型	节肢动物等		2	2
	抗体型	节肢动物等		1	1
	载体型	节肢动物等			0
合计			52	89	141

注：表中数字表示这类生物农药曾经获准登记的单剂品种的个数。苦参碱等品种一药多能（其中微生物源/活体型中有枯草芽孢杆菌、蜡样芽孢杆菌 2 种，微生物源/抗体型中有阿维菌素、华光霉素 2 种，植物源/抗体型中有苦参碱、蛇床子素、核苷酸 3 种），实际品种个数为 132 个。

关于植物源/活体型杀菌剂。自 2006 年提出"公共植保、绿色植保"理念以来，我国植保工作者积极开拓创新，大力开发农作物病虫害绿色防控技术，利用昆虫的生物趋避性，开发了植物驱避害虫技术。蔬菜、果树等农作物上常用的驱避植物有蒲公英、蕺菜（鱼腥草）、薄荷、大葱、韭菜、一串红、除虫菊、番茄、花椒、芝麻、金盏花等。这些驱避植物一旦具有特定商品性，就可以看作植物源/活体型生物农药，纳入农药范畴进行管理。

关于植物源/载体型杀菌剂。1983 年第一株转基因植物——转基因烟草构建成功。目前人们研究获得的转基因植物已有上百种，其中转 Bt 蛋白基因的植物就有 70 来种。截至 2013 年底，全世界已有 35 个国家和欧盟（包括 27 国）批准转基因作物用于饲料、食物、环境释放或种植，涉及的作物种类有 27 种。除少数品质改良、抗逆境相关基因外，大多数均为抗除草剂、抗病虫的转基因作物。在植物抗虫转基因研究中最常用的抗虫基因有来源于细菌的 Bt 杀虫晶体蛋白基因和来源于植物的蛋白酶抑制剂基因、植物凝聚素基因。

关于动物源杀菌剂。目前商品化的动物源生物农药品种不多，已登记动物源/活体型生物杀虫剂 2 种（平腹小蜂、松毛虫赤眼蜂）、动物源/抗体型杀虫剂 1 种（斑蝥素）。

据统计，截至 2016 年 12 月 31 日我国生物农药制剂共登记 3575 个，涉及 105 种活性成分，分别约占整个农药登记数量的 10% 和 16%，其中微生物农药 39 种活性成分 471 个制剂产品，农用抗生素 13 种 2279 个，植物源农药 25 种 240 个，天敌 2 种 4 个，生物化学农药 28 种 581 个。我国约有 260 多家生物农药企业，占全国农药生产企业总数的 10% 左右；生物农药制剂年产量约 14 万吨，年产值约 40 亿元，分别占整个农药总产量和总产值的 11% 左右。

第三节 | 无机杀菌剂品种 ›››

波尔多液（Bordeaux mixture）

其他名称 必备、佳铜、智多收等。1882 年法国人 A. 米亚尔代于波尔多城发现其杀菌作用，故名波尔多液。它是由约 500g 硫酸铜、500g 生石灰、50kg 水配制成的天蓝色胶状悬浊液（配料比可根据需要适当增减）。有效成分的化学组成是 $CuSO_4 \cdot xCu(OH)_2 \cdot yCa(OH)_2 \cdot zH_2O$，称碱式硫酸铜（硫酸铜、氢氧化铜和氢氧化钙的碱式复盐）。

产品特点　本品为无机铜素保护性杀菌剂，植物在新陈代谢过程中分泌出的酸性液体以及细菌入侵植物细胞时分泌的酸性物质，使波尔多液中少量的碱式硫酸铜转化为可溶的硫酸铜，从而产生少量铜离子，使病菌细胞中的蛋白质凝固。同时铜离子还能破坏其细胞中某种酶，使细菌体中代谢作用不能正常进行。本品杀菌谱广，持效期长，具有较好的防治作用。

适用范围　葡萄、柑橘、苹果、辣椒、烟草等。对铜敏感的作物（李、桃、鸭梨、白菜、小麦、大豆、黄瓜、西瓜等）慎用。

防治对象　可防治霜霉病、轮纹病、炭疽病等真菌病害和溃疡病、野火病等细菌病害。

单剂规格　28%悬浮剂，78%、80%、85%可湿性粉剂，86%水分散粒剂。

使用技术　在发病前或发病初期施药。应根据植株大小确定每亩喷施的药液量，喷药要细致、均匀、周到，将叶片正反面均匀喷湿为止。下面以80%可湿性粉剂为例，介绍其使用技术，参 PD20081044。

（1）葡萄　防治霜霉病，在葡萄谢花后20d后开始喷施，每隔10d左右喷施1次，也可在初见霜霉病斑时立即喷施第一遍，以后间隔10d左右喷一次；300~400倍液。

（2）柑橘　防治溃疡病，在柑橘春梢期、幼果期、夏梢期各喷施1~2次；400~600倍液。

（3）苹果　防治轮纹病，在苹果树发芽后至开花前（花蕾变红前）喷施400倍液可有效杀死菌源；套袋后到摘袋前，喷施500倍液可有效防治病害；发芽前或采收后，喷施300倍液可杀死越冬菌源。

（4）辣椒　防治炭疽病，在辣椒移栽后20d左右可用药，每隔

10d左右喷施 1 次，共喷 3 次。辣椒上的病害对铜制剂敏感，防病效果显著。

(5) 烟草 防治野火病，每亩用 80～93g。

混用技术 本品碱性强，混配性欠佳。已登记混剂产品不多，例如 78% 波尔·锰锌、85% 波尔·霜脲氰、85% 波尔·甲霜灵。

注意事项 配药时采取二次稀释法，稀释效果更好。施药间隔期一般在 10～20d 左右，并根据作物、天气和病害发生情况调整。雨水较多或病情发展较快时，可与内吸性杀菌剂配合使用，效果更好。对铜敏感的作物慎用，对铜敏感的时期慎用。

产品评价 百年老药，历久弥新。除了自行配制之外，现已有多种商品化的产品供选择。

碘 （iodine）

其他名称 博医等。

单剂规格 1% 碘水剂。首家登记证号 LS91358。

使用技术 登记用于苹果树，防治腐烂病，使用浓度为5000～10000mg/kg，施用方法为涂病疤。

多硫化钡 （barium polysulphides）

95% 可溶性粉剂登记用于防治苹果白粉病，参登记证号 LS2000959。70% 可溶性粉剂用于防治苹果红蜘蛛，参登记证号 LS955551。

高锰酸钾 （potassium permanganate）

91% 高锰酸钾·链霉素可溶性粉剂登记用于防治棉花黄萎病，参登记证号 LS991830。

碱式硫酸铜 （copper sulfate basic）

其他名称 铜高尚、丁锐可等。

产品特点　本品依靠在植物表面上水的酸化，逐步释放铜离子，抑制真菌孢子萌发和菌丝发育，能有效防治多种真菌及细菌性病害。

单剂规格　27.12％、30％悬浮剂，70％水分散粒剂。已登记单剂逾11个。

使用技术　于作物发病前或发病初期开始施药。

（1）水稻　在水稻破口前7d左右常量使用一次，如病害发生严重，齐穗期再用药一次。避开扬花抽穗期使用。防治稻曲病，每亩用27.12％悬浮剂50～66mL；防治稻瘟病，每亩用50～75mL；参PD268-99。

（2）番茄　防治早疫病，每亩用27.12％悬浮剂132～159mL。

（3）苹果　防治轮纹病，用27.12％悬浮剂400～500倍液。

（4）柑橘　防治溃疡病，用27.12％悬浮剂400～500倍液。

注意事项　宜在下午4时后喷药。不宜在刚下过雨后施药。高温时使用请适当降低使用浓度。避免与强酸、强碱物质混用，禁止与三乙膦酸铝类农药混用。桃、李等对铜制剂敏感作物禁用。苹果、梨花期及幼果期禁用，并避免溅及。

硫黄（sulfur）

其他名称　成标、园标等。有效成分为硫，通称硫黄。获准农业部登记的单质农药品种仅有硫、碘2种，均为杀菌剂。

产品特点　本品属于保护性杀菌剂。主要作用于植物病原菌氧化还原体系细胞色素b和c之间电子传递过程，夺取电子干扰病原菌正常的氧化还原作用。

适用范围　小麦、黄瓜、花卉、果树（如苹果）、橡胶等。

防治对象　白粉病等。

单剂规格　原药纯度99.5％，参PD96103。单剂规格很多，如10％油膏剂，45％、50％悬浮剂，80％水分散粒剂，80％可湿性粉剂，91％粉剂。

使用技术　作茎叶处理。

（1）黄瓜　防治白粉病，每亩用80%水分散粒剂200～233g。预防喷雾处理，每季作物施药2～3次，间隔6～8d。

（2）西瓜　防治白粉病，每亩用80%水分散粒剂233～266.7g。预防喷雾处理，每季作物施药3～4次，间隔6～8d。

（3）柑橘　防治疮痂病，使用80%水分散粒剂300～500倍液。自春梢萌发期，发病前开始用药。预防喷雾处理，每季作物施药3～4次，间隔7～10d。

（4）苹果树　防治白粉病，使用80%水分散粒剂500～1000倍液。预防喷雾处理，每季作物施药2～3次，间隔7～10d。自发芽期起使用高剂量，至落花期后逐渐降低使用剂量，注意观察作物的安全性。

（5）桃树　防治褐斑病，使用80%水分散粒剂500～1000倍液。于病害发生前预防喷雾处理，每季作物施药3～4次，间隔7～14d。

混用技术　可与多菌灵、甲基硫菌灵、代森锰锌、三唑酮、三环唑等混用，已登记混剂很多。

注意事项　甜瓜对硫黄类杀菌剂高度敏感，禁止使用。避免在高温和强日照下施药。大多数作物花期对药剂最为敏感，应避免在花期用药。不要与二硝基类化合物或硫酸铜等金属盐类物质混配使用。

硫酸铜　（copper sulfate）

其他名称　石胆、蓝矾、胆矾、胆子矾、五水硫酸铜等。

产品特点　本品属于保护性杀菌剂。也可防治水中水绵等绿色藻类，也可防治蜗牛。原药为深蓝色块状结晶或蓝色粉末，有毒无臭。于干燥空气中风化脱水为白色粉末，能溶于水、乙醇、甘油及氨水，水溶液呈酸性。

单剂规格　原药纯度98%、96%、93%。一般不作为单剂使用。

混用技术　已登记混剂组合逾7个，混剂产品逾10个，如井冈·硫酸铜、腐酸·硫酸铜、烷醇·硫酸铜、吗啉·硫酸铜、速灭·硫酸铜、混脂·硫酸铜、烯·羟·硫酸铜。

硫酸铜钙 （copper calcium sulphate）

其他名称　多宁、惠可谱等。

产品特点　本品是络合态硫酸铜钙，其独特的铜离子和钙离子大分子络合物，确保铜离子缓慢、持久释放。本品遇水才释放杀菌的铜离子，而病菌也只有遇雨水后才萌发侵染，两者完全同步，杀菌较好，保护期较长，在正常使用技术条件下，对作物安全。本品颗粒细，呈绒毛状，能均匀分布并紧密黏附在作物的叶面和果面，耐雨水冲刷，持效期较长。pH值为中性偏酸。

单剂规格　77％可湿性粉剂。已登记单剂逾5个。

使用技术　于病害发病前或发病初期用药。下面以西班牙艾克威化学工业有限公司的77％可湿性粉剂为例，介绍其防治对象和登记剂量，参 PD270-99。

（1）姜　防治腐烂病，用 600～800 倍液，喷淋灌根。

（2）黄瓜　防治霜霉病，每亩用 117～175g。

（3）葡萄　防治霜霉病，用 500～700 倍液。

（4）苹果　防治褐斑病，用 600～800 倍液。

（5）柑橘　防治溃疡病，用 400～600 倍液；防治疮痂病，用 400～800 倍液。

（6）烟草　防治野火病，用 400～600 倍液。

混用技术　已登记混剂很少，如 60％铜钙·多菌灵、75％烯酰·铜钙。

硫酸锌 （zinc sulfate）

与其他农药混用，如 25％盐酸吗啉呱·硫酸锌可溶性粉剂登记用于防治番茄病毒病，参登记证号 LS200437；20％多菌灵·甲拌灵·硫酸锌悬浮种衣剂登记用于防治小麦地下害虫，兼治小麦纹枯病，参登记证号 LS98871。

硼酸锌 （zine borate）

单剂规格 98.8%粉剂，登记用于卫生防治腐朽菌，使用浓度 0.85%（药剂/板材）；添加用于卫生防治白蚁，0.85%（药剂/板材），板材加工中添加；参 WP20130204。

氢氧化铜 （copper hydroxide）

其他名称 可杀得、可杀得贰仟、可杀得叁仟、冠菌清、农多福等。

单剂规格 37.5%悬浮剂，50%、53.8%、64%、77%可湿性粉剂，46%、53.8%、57.6%水分散粒剂。已登记单剂逾 33 个。

使用技术 本品为保护性杀菌剂，在作物发病前或发病初期使用。下面以 46%水分散粒剂和 53.8%水分散粒剂为例，介绍其防治对象和登记剂量（见表 3-7），参 PD20110053 和 PD294-99。

表 3-7 氢氧化铜两种产品登记情况

产品规格	作物(或范围)	防治对象	制剂用药量	使用方法
46%水分散粒剂	茶树	炭疽病	1500~2000 倍液	喷雾
	番茄	溃疡病	30~40g/亩	喷雾
	番茄	早疫病	25~30g/亩	喷雾
	柑橘	溃疡病	1500~2000 倍液	喷雾
	黄瓜	角斑病	40~60g/亩	喷雾
	姜	姜瘟病	1000~1500 倍液	喷淋、灌根
	辣椒	疮痂病	30~45g/亩	喷雾
	马铃薯	晚疫病	25~30g/亩	喷雾
	葡萄	霜霉病	1750~2000 倍液	喷雾
	烟草	野火病	30~45g/亩	喷雾
53.8%水分散粒剂	柑橘	溃疡病	900~1100 倍液	喷雾
	黄瓜	角斑病	68~83g/亩	喷雾

（1）茶叶 在作物发病前使用，茎叶喷雾覆盖全株，每季最多 2 次，间隔 7~10d，安全间隔期 5d。

（2）番茄 在作物发病前使用，茎叶喷雾覆盖全株，每季最多 3 次，间隔 7~10d，安全间隔期 5d。

（3）柑橘 于梢约 1.5cm 时第一次施药，连续 3 次，间隔

10～15d，安全间隔期 21d。

（4）黄瓜　作物发病前使用，茎叶喷雾覆盖全株，每季最多 3 次，间隔 7～10d，安全间隔期 3d。

（5）姜　移栽后发病前，每株姜用 200～300mL 液顺茎基部均匀喷淋灌根，保证药液浸透周围土壤，连续灌根 3 次，间隔 15d，安全间隔期 28d。

（6）辣椒　作物发病前使用，茎叶喷雾覆盖全株，每季最多 3 次，间隔 7～10d，安全间隔期 5d。

（7）马铃薯　发病前保护性用药，茎叶喷雾覆盖全株，每季最多 3 次，间隔 7d，安全间隔期 7d。

（8）葡萄　发病前保护性用药，茎叶喷雾覆盖全株，每季最多 3 次，间隔 7～10d，安全间隔期 14d。

（9）烟草　发病前保护性用药，茎叶喷雾覆盖全株，每季最多 3 次，间隔 7d，安全间隔期 7d。

可根据发病情况及天气情况调整用药次数和用药间隔期。

混用技术　本品碱性强，混配性欠佳。已登记混剂产品很少，例如 50％氢铜·多菌灵、64％氢铜·福美锌。禁止与三乙膦酸铝类农药等物质混用。

注意事项　喷雾用水的酸碱值需高于 6.5。避免与强酸或强碱物质混用。对铜敏感作物慎用。在果树幼果期、幼苗期和阴雨天、多雾天及露水未干时不要施药。与春雷霉素混用对苹果、葡萄、大豆、藕等作物的嫩叶敏感，因此一定要注意浓度，宜在 16:00 后施药。

石硫合剂 （lime sulfur）

产品特点　本品具有杀灭菌、虫、蚧、螨作用，是冬春两季果树清园剂。能达到一次用药，多种效果，降低后期用药成本的目的。成本低、效果好。

适用范围　小麦、柑橘、葡萄、观赏植物等（表 3-8）。

防治对象　杀害谱广，对多种菌、虫、蚧、螨有效（表 3-8）。

单剂规格　29%水剂，45%结晶（结晶粉、固体）。

使用技术　南方果树冬春两季休眠期清园，北方果树花前防治，其他作物在发病初期使用。无须配制母液，直接兑水喷施。

表 3-8　石硫合剂部分产品登记情况

登记作物	防治对象	用药量	施用方法	产品规格	登记证号
麦类	白粉病	35 倍液	喷雾	29%水剂	PD88112-6
茶树	红蜘蛛	35~70 倍液	喷雾	29%水剂	PD88112-6
柑橘树	白粉病、红蜘蛛	35 倍液	喷雾	29%水剂	PD88112-6
观赏植物	白粉病、蚧壳虫	70 倍液	喷雾	29%水剂	PD88112-6
核桃树	白粉病	35 倍液	喷雾	29%水剂	PD88112-6
苹果树	白粉病	70 倍液	喷雾	29%水剂	PD88112-6
葡萄	白粉病	7~12 倍液	喷雾	29%水剂	PD88112-6
柑橘	红蜘蛛	200~300 倍液	喷雾	结晶粉	PD20098445
柑橘	锈壁虱	300~500 倍液	喷雾	结晶粉	PD20098445
柑橘	蚧壳虫	346~400 倍液	喷雾	结晶	PD20141668
茶树	叶螨	150 倍液	喷雾	结晶粉	PD90105
柑橘树	蚧壳虫	①180~300 倍液 ②300~500 倍液	①早春喷雾 ②晚秋喷雾	结晶粉	PD90105
柑橘树	锈壁虱	300~500 倍液	晚秋喷雾	结晶粉	PD90105
柑橘树	螨	①180~300 倍液 ②300~500 倍液	①早春喷雾 ②晚秋喷雾	结晶粉	PD90105
麦类	白粉病	150 倍液	喷雾	结晶粉	PD90105
苹果树	叶螨	20~30 倍液	萌芽前喷雾	结晶粉	PD90105

混用技术　本品碱性强，一般不与其他农药混用。已登记混剂仅有 30%矿物油·石硫合剂微乳剂 1 种 1 个产品，参 PD20101198。

注意事项　稀释用水温度应低于 30℃，热水会降低药效。不得与波尔多液等铜制剂、机械乳油及在碱性条件下易分解的农药混合使用。气温达到 32℃以上时慎用，稀释倍数应提高至 1000 倍以上；38℃以上禁用。已经用水配制好的药液，夏天要在 3d 内用完，冬季 7d 内用完。

四水八硼酸二钠（disodium octaborate tetrahydrate）

单剂规格 98%可溶粉剂，登记用于卫生防治腐朽菌，使用浓度 2250mg/kg，浸泡；用于木材防治白蚁，8.2～8.4kg/m³，加压浸泡；参 WP20120209。

氧化钙 （calcium oxide）

20％苦参碱·硫·氧化钙水剂登记用于防治辣椒病毒病，参登记证号 LS98947。

氧化亚铜 （cuprous oxide）

其他名称 靠山、铜大师等。

产品特点 本品覆盖率较高，施用在植株表面易形成透光透气的致密保护层，防治多种真菌、细菌病害。静电吸附黏着性强，可较好地耐雨水冲刷，使药效持续稳定发挥。可补充铜元素营养，促进农作物健康生长。

适用范围 水稻、黄瓜、番茄、甜椒、苹果、葡萄、柑橘、荔枝等。

防治对象 能防治多种真菌、细菌病害。

单剂规格 86.2％可湿性粉剂，86.2％水分散粒剂。

使用技术 于发病前或发病初期，按规定用药量全株均匀施药，不要重喷；喷施后遇雨不需补喷。下面介绍氧化亚铜两种产品登记情况（表 3-9），参 PD20110520、PD20110480。

表 3-9 氧化亚铜两种产品登记情况

产品规格	作物（或范围）	防治对象	制剂用药量	使用方法
86.2％ 可湿性粉剂	番茄	早疫病	70～97g/亩	喷雾
	柑橘树	溃疡病	800～1000 倍液	喷雾
	黄瓜	霜霉病	139～186g/亩	喷雾
	苹果	轮纹病	2000～2500 倍液	喷雾
	葡萄	霜霉病	800～1201 倍液	喷雾
	水稻	纹枯病	28～37g/亩	喷雾
	甜椒	疫病	139～186g/亩	喷雾
86.2％ 水分散粒剂	荔枝	霜疫霉病	1000～1500 倍液	喷雾
	苹果树	斑点落叶病	2000～2500 倍液	喷雾

混用技术　已登记混剂很少，如 72％甲霜・氧亚铜可湿性粉剂。

注意事项　禁止在葡萄花期和幼果期使用。

氧氯化铜（copper oxychloride）

其他名称　王铜、皇铜等。

单剂规格　30％悬浮剂，47％、50％、60％、70％可湿性粉剂，84％水分散粒剂。

使用技术　已登记单剂产品逾 22 个。84％水分散粒剂登记用于黄瓜防治细菌性角斑病，每亩用 119～179g；防治柑橘溃疡病，稀释 1600～2000 倍液；参 LS20160263。

混用技术　可与代森锌、烯酰吗啉、霜脲氰、春雷霉素等混用，已登记混剂产品逾 29 个。

▌第四节 │ 有机合成杀菌剂品种 ▶▶▶

　　有机杀菌剂包括天然矿物来源有机杀菌剂和人工化学合成有机杀菌剂。矿物是地壳中天然生成的化合物和自然元素，大部分是固态的，也有液态和气态的。矿物油是从石油、油页岩等矿物中提炼出来的油质产品，主要成分为有机物。

　　矿物油能开发成农药，其他名称有绿颖等，能杀虫、杀螨（主要通过物理作用而生效），个别厂家登记用于杀菌。以 99％乳油为例，其登记情况为：防治黄瓜白粉病，每亩用 200～300g；防治柑橘介壳虫，稀释 100～200 倍液，防治红蜘蛛，稀释 150～300 倍液；防治番茄烟粉虱，每亩用 300～500g；防治苹果红蜘蛛，稀释 100～200 倍液；防治茶树茶橙瘿螨，每亩用 300～500g；参 PD20095615。防治虫害、螨害于害虫、害螨发生初期开始使用，防治病害于病害发病初期开始使用。对某些桃品种较敏感，施药时应避免药液飘移到上述作物。在容器内装入所需要量的水，再加入所需要量的本品，充分搅拌以防止油水分离。喷药期间，应每隔10min搅拌一次。药液应均匀喷施于叶面、叶背、新梢、枝条和果实的表面。当气温高于35℃或土壤干旱和作物缺水时，不要使用。夏季高温时，请在早晨和傍晚使用。勿与离子化的叶面肥混用，勿与不相容的农药混用，如硫黄和部分含硫的杀虫剂和杀菌剂。

有机杀菌剂多由人工合成，故又称有机合成杀菌剂。自1982年我国实行农药登记制度以来，先后获得农业部登记的国产和进口有机杀菌剂单剂品种（有效成分）有200来种。根据2002年5月24日农业部发布的199号公告等规定，汞制剂、砷类等杀菌剂国家已命令禁止使用。

百菌清 （chlorothalonil）

其他名称　达科宁等。

产品特点　本品属于非内吸性杀菌剂。主要作用是阻止植物受到真菌的侵害，在植物已受到真菌侵害、真菌侵入植物体内后，杀菌作用很小。在植物表面有良好的黏着性，不易受雨水等冲刷，因此具有较长的药效期，在常规用量下，一般药效期7～10d。

适用范围　番茄、黄瓜、花生等多种作物。

防治对象　杀菌谱广，对多种真菌病害具有预防作用。

单剂规格　10％、20％、28％、30％、40％、45％烟剂，40％、72％悬浮剂，75％可湿性粉剂，75％、90％水分散粒剂。已登记含百菌清的原药、单剂、混剂产品逾485个。

使用技术　下面介绍2种单剂产品的登记情况（表3-10）。

表3-10　百菌清两种单剂产品登记情况

登记作物	防治对象	40％悬浮剂制剂用药量 （PD345-2000）	75％可湿性粉剂制剂用药量 （PD106-89）
花生	叶斑病	80～120mL/亩	111～133g/亩
番茄	早疫病	120～140mL/亩	147～267g/亩
黄瓜	霜霉病	120～140mL/亩	147～267g/亩
马铃薯	晚疫病	100～140mL/亩	

混用技术　可与甲霜灵、精甲霜灵、嘧菌酯、戊唑醇等混用，

已登记混剂产品逾 209 个。

注意事项 使用浓度偏高时对梨、柿、桃、梅和苹果树等会发生药害，施药时应避免药液喷溅到以上作物。

拌种咯 （fenpiclonil）

本品具有保护作用。在土壤中不移动，在种子周围形成一个稳定而持久的保护圈，持效期可长达 4 个月以上。适用于小麦、大麦、玉米、马铃薯等多种作物。

拌种灵 （amicarthiazol）

原药首家登记证号 PD86141。目前尚无单剂获准登记。已登记混剂产品逾 25 个，如 40%福美双·拌种灵可湿性粉剂（20%＋20%），其他名称拌种双等，参 PD85140。

苯菌灵 （benomyl）

单剂规格 25%乳油，50%可湿性粉剂。首家登记证号 LS96504。登记用于防治柑橘疮痂病、梨树黑星病、香蕉叶斑病、芦笋茎枯病等。

苯菌酮 （metrafenone）

其他名称 英腾等。

产品特点 本品主要通过干扰孢子萌发时附着胞的形成和发育，抑制白粉病孢子的萌发；另外通过干扰极性肌动蛋白组织的建立和形成，使病菌菌丝体顶端细胞的形成受到干扰和抑制，阻碍菌丝体的正常发育与生长，抑制白粉病菌的侵害，从而有效地控制病害。具有明显的预防和治疗作用。与现有防治白粉病的各类药剂无交互抗性。

单剂规格 42%悬浮剂。首家登记证号 LS20150333。

使用技术 于病害发生前预防处理时效果更佳。

（1）苦瓜　防治白粉病，于发病前或初见病斑时施药，每亩用12～24mL，兑水喷雾。每季节最多使用 3 次，施药间隔 7～10d，安全间隔期 5d。

（2）豌豆　防治白粉病，于发病前或初见病斑时施药，每亩用12～24mL，兑水喷雾。每季节最多使用 3 次，施药间隔 7～10d，安全间隔期 5d。

苯醚甲环唑（difenoconazole）

其他名称　世高、势克、博邦、敌委丹等。

产品特点　本品属于内吸性杀菌剂，具有保护、治疗作用。

适用范围　安全性好（是三唑类杀菌剂中安全性名列前茅的品种），用途极广，登记作物已逾 22 种。

防治对象　杀菌谱广，能防治多种高等真菌病害，例如梨树黑星病，葡萄黑痘病，大白菜黑斑病，三七黑斑病，小麦散黑穗病、腥黑穗病、矮腥黑穗病，黄瓜、苦瓜白粉病，西瓜、辣椒炭疽病，菜豆锈病，柑橘疮痂病，大蒜叶枯病，芹菜叶斑病，大葱紫斑病，番茄早疫病，已登记防治对象逾 21 种。（本品对名称中带"黑"字的病害效果好，故有人称之为杀菌剂中的"打黑英雄"。）

单剂规格　目前已登记的含苯醚甲环唑的产品逾 539 个，其中单剂产品至少有 7 种剂型，每种剂型有 1～5 个含量梯度，例如3%悬浮种衣剂，10%、15%、20%、30%、37%水分散粒剂，10%、12%、30%可湿性粉剂，10%、20%、25%微乳剂，5%、10%、20%、25%、40%水乳剂，25%乳油，25%、30%、40%悬浮剂。首家登记证号 LS99008。

使用技术　既可作茎叶处理，也可作种子处理。本品具有保护、治疗双重作用，即使田间病情较重时也可用来进行防治，控制进一步扩大危害；但为了减轻病害造成的损失，应充分发挥其保护作用，因此施药时间宜早不宜迟，一般在发病初期施药效果最佳。防治梨树黑星病的使用浓度可低至稀释 5000～6000 倍，防治其他病害一般稀释 1000～2000 倍。以 10%水分散粒剂为例，介绍其登记情况，参 PD20070061 和 PD20085870，见表 3-11。

表 3-11   10%苯醚甲环唑水分散粒剂登记情况

登记作物	防治对象	制剂用药量	施药方法	每季作物最多施药次数	安全间隔期/d
菜豆	锈病	50～83g/亩	喷雾	3	7
茶树	炭疽病	1000～1500 倍液	喷雾	3	14
大白菜	黑斑病	35～50g/亩	喷雾	3	28
大蒜	叶枯病	30～60g/亩	喷雾	3	10
番茄	早疫病	67～100g/亩	喷雾	2	7
柑橘树	疮痂病	667～2000 倍液	喷雾	3	28
黄瓜	白粉病	50～83g/亩	喷雾	3	3
苦瓜	白粉病	70～100g/亩	喷雾	3	5
辣椒	炭疽病	50～83g/亩	喷雾	3	3
梨树	黑星病	6000～7000 倍液	喷雾	4	14
荔枝树	炭疽病	650～1000 倍液	喷雾	3	3
芦笋	茎枯病	1000～1500 倍液	喷雾	2	15
苹果树	斑点落叶病	1500～3000 倍液	喷雾	2	21
葡萄	炭疽病	800～1300 倍液	喷雾	3	21
芹菜	叶斑病	67～83g/亩	喷雾	3	14
石榴	麻皮病	1000～2000 倍液	喷雾	3	14
西瓜	炭疽病	50～75g/亩	喷雾	3	14
洋葱	紫斑病	30～75g/亩	喷雾	3	10
三七	黑斑病	45～67.5g/hm²	喷雾	3	60

3%悬浮种衣剂登记用于防治小麦全蚀病，制剂用量为 1：(167～200)（药种比）；防治小麦纹枯病、散黑穗病，制剂用量为 1：(333～500)（药种比），种子包衣；参 PD20070054。

混用技术   本品可混性十分优秀，已登记的混剂组合逾 13 种，其中含生物农药的混剂组合逾 2 种。

(1) 苯醚甲环唑·丙环唑   绝大多数混剂产品为 30%苯醚甲环唑·丙环唑乳油（15%＋15%），也有 50%乳油（25%＋25%）、18%水分散粒剂（9%＋9%）。无论总含量是多少，苯醚甲环唑与丙环唑的含量之比皆为 1：1。绝大多数混剂产品登记用于水稻防治纹枯病。还有的登记用于小麦防治纹枯病，用于大豆防治锈病，用于花生防治叶斑病等。

此外还有 30%乳油（10%＋20%），登记用于防治稻曲病。

（2）苯醚甲环唑·戊唑醇　已登记混剂产品如 20%苯醚甲环唑·戊唑醇可湿性粉剂（2%＋18%），参 LS20110053，登记情况为：梨树，黑星病，80～133.3mg/kg，喷雾。

（3）苯醚甲环唑·咯菌腈　已登记混剂产品如 4.8%苯醚甲环唑·咯菌腈悬浮种衣剂（2.4%＋2.4%），参 PD20120807，登记情况为：小麦，散黑穗病，5～15g/100kg 种子，种子包衣。

（4）苯醚甲环唑·甲基硫菌灵　已登记混剂产品如 40%苯醚甲环唑·甲基硫菌灵悬浮剂（5%＋35%），参 LS20120283，登记情况为：苹果树，白粉病，150～250mg/kg，喷雾。

又如 25%苯醚甲环唑·甲基硫菌灵可湿性粉剂（3%＋22%），参 LS20110087。登记情况为：梨树，黑星病，96～125mg/kg，喷雾。

（5）苯醚甲环唑·多菌灵　已登记混剂产品如 30%苯醚甲环唑·多菌灵可湿性粉剂（5%＋25%），参 LS2011024，登记情况为：苹果树，炭疽病，200～300mg/kg，喷雾。

又如 30%苯醚甲环唑·多菌灵悬浮剂（3%＋27%），参 LS20120189。登记情况为：水稻，纹枯病，675～900g/hm^2，喷雾。

（6）苯醚甲环唑·代森锰锌　已登记混剂产品如 55%苯醚甲环唑·代森锰锌可湿性粉剂（5%＋50%），参 LS20110333，登记情况为：梨树，黑星病，122.2～157.1mg/kg，喷雾。

（7）苯醚甲环唑·丙森锌　已登记混剂产品如 50%苯醚甲环唑·丙森锌可湿性粉剂（5%＋45%），参 LS20110075，登记情况为：苹果树，斑点落叶病，227～278mg/kg，喷雾。

（8）苯醚甲环唑·福美双　已登记混剂产品如 60%苯醚甲环唑·福美双可湿性粉剂（4%＋56%），参 PD20120960，登记情况为：烟草，炭疽病，900～1350g/hm^2，喷雾。

（9）苯醚甲环唑·醚菌酯　已登记混剂产品如 40%苯醚甲环唑·醚菌酯水分散粒剂（10%＋30%），参 LS20120271，登记情况为：苹果树，斑点落叶病，80～133.33mg/kg，喷雾。

又如80%苯醚甲环唑·醚菌酯可湿性粉剂（30%＋50%），参LS20120081，登记情况为：西瓜，白粉病，120～180g/hm²，喷雾。

（10）苯醚甲环唑·嘧菌酯　已登记混剂产品如32.5%苯醚甲环唑·嘧菌酯悬浮剂（12.5%＋20%），参PD20110357，登记情况为：西瓜，蔓枯病、炭疽病，146.25～243.75g/hm²，喷雾；香蕉，叶斑病，162.25～217mg/kg，喷雾。

又如30%苯醚甲环唑·嘧菌酯悬浮剂（18%＋12%），参LS20120303，登记情况为：辣椒，炭疽病，90～144g/hm²，喷雾。

（11）苯醚甲环唑·咪鲜胺　已登记混剂产品如35%苯醚甲环唑·咪鲜胺水乳剂（10%＋25%），参LS20120251，登记情况为：黄瓜，靶斑病，315～472.5g/hm²，喷雾。

又如28%苯醚甲环唑·咪鲜胺锰盐悬浮剂（8%＋20%），参LS20120209，登记情况为：水稻，纹枯病，168～210g/hm²，喷雾。

（12）苯醚甲环唑·井冈霉素A　已登记混剂产品如12%苯醚甲环唑·井冈霉素A可湿性粉剂（4%＋8%），参LS20100156，登记情况为：水稻，纹枯病、稻曲病，54～72g/hm²，喷雾。

（13）苯醚甲环唑·中生菌素　已登记混剂产品如16%苯醚甲环唑·中生菌素可湿性粉剂（14%＋2%），参LS20120176，登记情况为：苹果树，斑点落叶病，45.7～64mg/kg，喷雾。

注意事项　不宜与铜制剂混用，否则降低本品的杀菌能力；如果确实需要与铜制剂混用，则要加大本品10%以上的用药量。

苯醚菌酯

已取得中国发明专利，参ZL03120882.7。已登记单剂如10%悬浮剂。单剂首家登记证号LS20082982。单剂登记用于黄瓜，防治白粉病。

苯噻硫氰（benthiazole）

其他名称　倍生、苯噻清、苯噻氰等。单剂规格30%乳油，曾在我国水稻、小麦上进行田间药效试验，许可证号 X82071。

苯霜灵 （benalaxyl）

原药首家登记证号 LS20011667。目前尚无单剂获准登记。已登记混剂产品 2 个，如 72%代森锰锌·苯霜灵可湿性粉剂（64%＋8%）。

苯酰菌胺 （zoxamide）

目前尚无单剂获准登记。已登记混剂产品 2 个，如 75%苯酰菌胺·代森锰锌可湿性粉剂（8.3%＋66.7%），用于防治黄瓜霜霉病。

苯锈啶 （fenpropidine）

已登记混剂如 42%苯锈啶·丙环唑乳油（28.95%＋13.16%），商标名力承，用于小麦防治白粉病，每亩用 40～80mL；参 LS20130314。

苯扎溴铵 （benzalkonii bromidum）

已登记混剂如 12%苯扎溴铵·硫酸铜水剂（2%＋10%），登记用于防治苹果腐烂病、斑点落叶病；参 LS94424。

吡噻菌胺 （penthiopyrad）

用于果树、蔬菜、草坪等众多作物，防治锈病、菌核病、灰霉病、霜霉病、黑星病、白粉病等。通常使用的有效成分剂量为 $100～200g/hm^2$。

吡唑醚菌酯 （pyraclostrobin）

其他名称 凯润、施乐健等。

产品特点 本品属于内吸性杀菌剂，具有保护、治疗作用。德国巴斯夫公司在我国率先取得"作物（或范围）：玉米、大豆，防治对象：植物健康作用"的登记。将"植物健康作用"作为一种全新的作用方式单列出来——可改善作物品质，增加叶绿素含量，增强光合作用，降低植物呼吸作用，增加碳水化合物（糖类）积累；提高硝酸还原酶活性，增加氨基酸及蛋白质的积累，提高作物对病菌侵害的抵抗力；促进超氧化物歧化酶的活性，提高作物的抗逆能力，如干旱、高温和冷凉；提高坐果率、果品甜度、胡萝卜素含量，抑制乙烯合成，延长果品保存期，并增加产量和单果重量。作用机制新型，可作为病害综合治理及抗性管理的新的有效工具。

适用范围 适用于多种作物，推荐剂量下对作物安全。

防治对象 杀菌谱广，能防治多种低等真菌和高等真菌病害，被誉为"不开口的真菌专家"。

单剂规格 目前已登记的含吡唑醚菌酯的原药、单剂、混剂产品逾303个，其中单剂产品至少有7种剂型，每种剂型有1～5个含量梯度，例如25%、30%乳油，15%、20%、24%、25%、30%悬浮剂，20%可湿性粉剂，50%水分散粒剂，18%悬浮种衣剂。首家登记证号LS20050310。

使用技术 常作茎叶处理，也可作种子处理。通常采取喷雾法施药，也可采取喷淋、浸果等方法。

（1）旱作 本品广泛用于果树、蔬菜、草坪等多种旱地作物。以2.5%乳油为例，介绍其登记情况，参PD20080464，见表3-12。

表3-12 2.5%吡唑醚菌酯乳油登记情况

登记作物	防治对象	制剂用药量	施药方法	每季作物最多施药次数	安全间隔期/d
白菜	炭疽病	30～50mL/亩	喷雾	3	14
草坪	褐斑病	1000～2000倍液	喷雾		
茶树	炭疽病	1000～2000倍液	喷雾	2	21
大豆	植物健康作用	30～40mL/亩	喷雾	1～2	14
大豆	叶斑病	30～40mL/亩	喷雾	2	14
黄瓜	霜霉病	20～40mL/亩	喷雾	4	2
黄瓜	白粉病	20～40mL/亩	喷雾	4	2

登记作物	防治对象	制剂用药量	施药方法	每季作物最多施药次数	安全间隔期/d
芒果树	炭疽病	1000～2000 倍液	喷雾	2～3	7
苹果树	腐烂病	稀释 1000～1500 倍	喷淋		28
西瓜	调节生长	10～25mL/亩	喷雾	2～3	5
西瓜	炭疽病	15～30mL/亩	喷雾	2～3	5
香蕉	炭疽病	1000～2000 倍液	浸果	3	42
香蕉	调节生长	1000～2000 倍液	喷雾	3	42
香蕉	黑星病	1000～3000 倍液	喷雾	3	42
香蕉	轴腐病	1000～2000 倍液	浸果	3	42
香蕉	叶斑病	1000～3000 倍液	喷雾	3	42
玉米	植物健康作用	30～50mL/亩	喷雾	1～2	10
玉米	大斑病	30～50mL/亩	喷雾	2～3	10

18％悬浮种衣剂登记用于防治棉花立枯病、猝倒病和玉米茎基腐病，种子包衣；参 PD20171588。

（2）水稻　本品对稻瘟病的优异防效在实验室得到验证，但鉴于它对水生生物的安全风险的考虑，一直以来禁止推广在水稻上使用。为了满足市场需求，履行企业社会责任，巴斯夫公司投入大量资源，通过 10 年实验积累，终于开发出 10％稻清微囊悬浮剂这一新型环保智能微胶囊产品。微胶囊技术可确保有效成分在稻叶表面精确释放，在叶片表面，当雾滴干燥时，封装在胶囊中的吡唑醚菌酯被迅速释放出来，产生最佳的稻瘟病防治效果；而少量落入稻田水中的胶囊将保持完整并沉入底泥，药剂成分将被底泥中的微生物降解。与传统剂型相比，这种新的微胶囊技术更好地改善了产品的毒理学特性，对环境更友好，2016 年在中国水稻上登记上市；LS20160020。

混用技术　可混性强，可与代森联、苯醚甲环唑、戊唑醇、烯酰吗啉等混用，已登记混剂逾 147 个。

吡唑萘菌胺（isopyrazam）

已登记混剂如 29％吡唑萘菌胺·嘧菌酯悬浮剂（11.2％＋17.8％），商标名称绿妃，登记用于黄瓜防治白粉病，每亩用 30～

50mL；参 PD20142275。

丙环唑（propiconazol）

其他名称 敌力脱、秀特、科惠等。

产品特点 本品属于内吸性杀菌剂，具有保护、治疗作用。可被植物根、茎、叶吸收，并能很快地在植物体内向上传导。

适用范围 香蕉、莲藕、水稻、小麦、茭白等。

防治对象 对子囊菌、担子菌、半知菌引起的多种病害药效好。

单剂规格 25％乳油，40％悬浮剂，40％、50％微乳剂，45％水乳剂等。已登记含丙环唑的原药、单剂、混剂产品逾456个。

使用技术 下面介绍3种25％丙环唑乳油单剂产品的登记情况，见表3-13。

表3-13　25％丙环唑乳油单剂产品登记情况

登记作物	防治对象	25％乳油制剂用药量（参 PD28-87）	25％乳油制剂用药量（参 PD20060028）	25％乳油制剂用药量（参 PD20070412）
香蕉	叶斑病	500～1000 倍液	500～1000 倍液	500～1000 倍液
莲藕	叶斑病		20～30mL/亩	20～30mL/亩
水稻	纹枯病	—	—	20～40mL/亩
小麦	纹枯病	30～40mL/亩	30～40mL/亩	30～60mL/亩
小麦	锈病	33mL/亩	25～33mL/亩	35～45mL/亩
小麦	白粉病	33mL/亩	25～33mL/亩	
小麦	根腐病	33mL/亩		
茭白	胡麻斑病		15～20mL/亩	15～20mL/亩

混用技术 可与苯醚甲环唑、戊唑醇、三环唑、稻瘟灵、嘧菌酯、啶氧菌酯、吡唑醚菌酯等混用，已登记混剂产品逾169个。

丙硫菌唑（prothioconazole）

用于小麦、大麦、水稻等禾谷类作物，油菜、花生等油料作物，以及豆类作物等。几乎对所有麦类病害都有很好的防治效果，如小麦和大麦白粉病、纹枯病、锈病、云纹病等。能防治油菜和花生的菌核病等土传病害和黑斑病、褐斑病等主要叶面病害。通常有效成分使用剂量为 $200g/hm^2$，在此剂量下，活性优于或等于常规杀菌剂，如氟环唑、戊唑醇、嘧菌环胺等。

丙硫咪唑 （albendazole）

其他名称 道元施宝灵、道元青枯净、道元妙还丹、道元无霜、丙硫多菌灵、阿苯达唑等。

产品特点 本品为内吸性杀菌剂，具有保护、治疗作用。

单剂规格 10％、20％悬浮剂，10％水分散粒剂。

使用技术 作茎叶处理。

（1）水稻 防治纹枯病，每亩用10％悬浮剂70～80mL；防治稻瘟病，每亩用150～200mL；参 PD20120238。

（2）香蕉 防治叶斑病，10％悬浮剂稀释1000～1500倍液；参 PD20120238。

（3）西瓜 防治炭疽病，每亩用10％水分散粒剂150g；防治枯萎病，稀释600～800倍液；参 PD20122090。

（4）大白菜 防治霜霉病，每亩用20％悬浮剂40～50mL。

混用技术 已登记混剂组合丙唑·多菌灵、丙唑·戊唑醇、丙唑·吗啉胍。

丙森锌 （propineb）

其他名称 安泰生等。

产品特点 本品属于非内吸性杀菌剂，具有保护作用。

单剂规格 30％悬浮剂，70％、80％可湿性粉剂，70％、80％水分散粒剂。已登记含丙森锌的原药、单剂、混剂产品逾159个。见表3-14。

表 3-14　丙森锌单剂产品登记情况

作物(或范围)	防治对象	制剂用药量	使用方法
大白菜	霜霉病	150～214g/亩	喷雾
番茄	晚疫病	150～214g/亩	喷雾
番茄	早疫病	125～187.5g/亩	喷雾
柑橘树	炭疽病	600～800 倍液	喷雾
黄瓜	霜霉病	150～214g/亩	喷雾
马铃薯	早疫病	150～200g/亩	喷雾
苹果树	斑点落叶病	600～700 倍液	喷雾
葡萄	霜霉病	400～600 倍液	喷雾
水稻	胡麻斑病	100～150g/亩	喷雾
甜椒	疫病	150～200g/亩	喷雾
西瓜	疫病	150～200g/亩	喷雾
玉米	大斑病	100～150g/亩	喷雾

使用技术　在发病前或初期用药，蔬菜和大田作物每隔 7～10d 施用一次，果树一般 10～15d 施用一次；据作物大小确定亩用水量，配制药液，进行植株或叶面均匀喷雾处理；参 PD20050192。

混用技术　可与多菌灵、戊唑醇、甲霜灵等混用，已登记混剂产品逾 169 个，如 66.8%丙森锌·缬霉威可湿性粉剂（61.3%＋5.5%），商标名霉多克。

丙酸 （propionic acid）

其他名称敌霉克等。单剂规格 48%可溶液剂。登记用于禾谷类贮粮防霉；参 LS20001。

丙烷脒 （propamidine）

本品具有保护、治疗作用。单剂规格 2%水剂。首家登记证号 LS20040130。用于番茄、黄瓜防治灰霉病，每亩用 250～333g。

代森铵（amobam）

登记用于水稻、玉米、谷子、甘薯、黄瓜、白菜、橡胶等作物。单剂规格45％水剂。首家登记证号PD84119。已登记原药、单剂、混剂产品逾36个。可与多菌灵等混用。

代森联（metiram）

其他名称品润等。单剂规格60％、70％水分散粒剂，70％可湿性粉剂。首家登记证号LS20020019。已登记原药、单剂、混剂产品逾59个。

以70％水分散粒剂为例：登记用于苹果防治斑点落叶病、轮纹病、炭疽病，稀释300～700倍液；用于柑橘防治疮痂病，稀释500～700倍液；用于梨树防治黑星病，稀释500～700倍液；用于黄瓜防治霜霉病，每亩用106.7～166.7g；参PD20070375。

可与吡唑醚菌酯、苯醚甲环唑、戊唑醇、咪鲜胺锰盐、嘧菌酯、烯酰吗啉等混用，已登记混剂产品逾38个。

代森锰（maneb）

单剂规格80％可湿性粉剂。登记用于防治黄瓜霜霉病，每亩用154～198g；参LS20052060。

代森锰锌（mancozeb）

其他名称　大生（美国陶氏）、美生（美国默赛）、汉生（斯洛伐克德梭）、山德生（瑞士先正达）、新万生（美国杜邦）、猛杀生（美国杜邦）、速克净（美国陶氏）、猛飞灵（印度印地菲尔）、喷克（美国仙农）、大丰（保加利亚）、大生富（美国陶氏）、喷富露（美国仙农）、必得利（河北双吉）、护庄等。

产品特点　本品是一种广谱、保护性的代森系有机硫杀菌剂，为代森锰和锌离子的配位络合物，于1961年由美国罗门哈斯

（Rohm&Hass）公司开发。代森锰锌毒性低，杀菌谱广，可单独使用，也可与许多内吸性杀菌剂混用，不但能使原有杀菌谱扩大，还能与内吸剂互补，提高药效，延缓抗药性，是一种优良的保护剂。目前应用面积广，是杀菌剂中的重要品种之一，风行世界，历经 40 多年久盛不衰。

适用范围　可用于 400 多种作物。

防治对象　可防治 100 多种病害。绝大多数产品均登记防治真菌病害，极个别产品还登记防治螨类锈壁虱（锈蜘蛛），参PD220-97。

单剂规格　30％、40％、42％、43％、48％悬浮剂，50％、70％、80％、85％可湿性粉剂，75％水分散粒剂。代森锰锌的开发非常活跃，不断有新产品问世。截至 2001 年底，代森锰锌就共有7 个原药、74 个单剂、273 个混剂，合计 354 个产品获准登记，混剂的配方种数（表 3-15 内括号中的数字）多达 30 种，见表 3-15。近几年，代森锰锌产品开发又有了新进展，登记的产品有所增加，由 2001 年底的 74 个增加到 2004 年底的 106 个。到 2016 年 10 月底，登记产品达到 880 个，其中单剂 290 个、混剂 590 个。到2017 年 8 月底，登记产品逾 1291 个，其中单剂 394 个、混剂897 个。

表 3-15　代森锰锌产品截至 2001 年底登记情况

项　　　目		1992 年		1993 年		2001 年		
		进口	国产	进口	国产	进口	国产	合计
原药		0	0	0	1	0	7	7
单剂	产品规格	(1)	(1)	(1)	(2)	(4)	(5)	(7)
	产品个数	1	10	1	12	12	62	74
混剂	配方种数	(2)	(2)	(2)	(2)	(9)	(26)	30
	产品个数	2	3	2	5	10	263	273
产品个数合计		3	13	3	17	22	332	354

（1）国产单剂开发情况　国产代森锰锌单剂于 1988 年首先获准登记，产品规格为 70％可湿性粉剂，申请厂家是西安近代化学研究所化工厂，登记证号 LS88302。截至 1992 年底，共有 1 种规

格（70％WP）、10 个单剂登记；截至 1993 年底，共有 2 种规格（70％WP 和 50％WP）、12 个单剂和一个原药登记；到 2001 年底，单剂规格增至 5 种（50％、70％、80％WP，30％、43％SC），个数增至 62 个，原药增至 7 个。

(2) 进口单剂开发情况　进口代森锰锌单剂于 1992 年首先获准登记，产品规格为 80％可湿性粉剂，申请厂家是美国罗门哈斯公司，登记证号 LS92021。截至 1992 年底，只有 1 种规格（80％WP）、1 个单剂登记；截至 1993 年底，仍然只有 1 种规格（80％WP）、1 个单剂登记；到 2001 年底，单剂规格增至 4 种（75％DF、80％WP，42％、43％SC），个数增至 12 个，由 5 个国家的 8 家公司生产见表 3-16。

表 3-16　进口代森锰锌单剂截至 2001 年底登记情况

登记证号	产品规格	商标名称	公司名称
LS97027	80％WP	大丰	保加利亚农业贸易公司
LS96017	80％WP	新万生	美国固信公司
LS200166	75％DF	猛杀生	美国固信公司
LS200129	80％WP	美生	美国默赛公司
LS96035	43％SC	大生富	美国陶氏公司
LS96038	80％WP	速克净	美国陶氏公司
PD220-97	80％WP	大生	美国陶氏公司
LS96016	42％SC	喷克	美国仙农公司
PD266-99	80％WP	喷克	美国仙农公司
PD226-97	80％WP	山德生	瑞士先正达公司
LS20005	80％WP	汉生	斯洛伐克德梭公司
LS99064	80％WP	猛飞灵	印度印地菲尔公司

使用技术　防治常绿果树病害和蔬菜病害一般稀释 400～600 倍，防治落叶果树一般稀释 600～800 倍。以 80％代森锰锌可湿性粉剂为例，介绍其登记情况，参 PD220-97，见表 3-17。

表 3-17　80％代森锰锌可湿性粉剂登记情况

作物（或范围）	防治对象	制剂用药量	使用方法
番茄	早疫病	130～210g/亩	喷雾
柑橘树	疮痂病	400～600 倍液	喷雾
柑橘树	树脂病	400～600 倍液	喷雾

作物(或范围)	防治对象	制剂用药量	使用方法
柑橘树	炭疽病	400～600 倍液	喷雾
柑橘树	锈蜘蛛	500～600 倍液	喷雾
花生	叶斑病	60～75g/亩	喷雾
黄瓜	霜霉病	170～250g/亩	喷雾
梨树	黑星病	600～1000 倍液	喷雾
荔枝树	霜疫霉病	400～600 倍液	喷雾
马铃薯	晚疫病	120～180g/亩	喷雾
苹果树	斑点落叶病	533～800 倍液	喷雾
苹果树	轮纹病	600～800 倍液	喷雾
苹果树	炭疽病	600～800 倍液	喷雾
葡萄	白腐病	600～800 倍液	喷雾
葡萄	黑痘病	600～800 倍液	喷雾
葡萄	霜霉病	150～210g/亩	喷雾
甜椒	疫病	167～200g/亩	喷雾
西瓜	炭疽病	166～250g/亩	喷雾
烟草	赤星病	117～160g/亩	喷雾

（1）黄瓜、西瓜、甜椒、番茄　移栽前（苗床期）可喷 1 次，以减少病源。移栽后，发病前或发病初期（初见病斑时）开始喷药，每隔 5～7d 喷一次。大田蔬菜每隔 7～10d 喷一次，连续使用 2～3 次。一般稀释 400～600 倍液。

（2）苹果　春梢期苹果落花后连喷 2～3 次，秋梢期使用 1 次，或成熟着色期喷 1 次。

（3）柑橘　在春芽 2～3mm、花谢 2/3 及幼果期各喷 1 次，用于防治疮痂病、炭疽病等病害。7～8 月在锈蜘蛛发生时喷 1 次，用于防治锈蜘蛛，以及炭疽病、疮痂病等果面病害。9～10 月喷 1 次，用于防治炭疽病和锈蜘蛛。

（4）梨树　梨树落花后幼叶、幼果期至套袋前应连喷 2～3 次进行保护。套袋，果实膨大到成熟采收期，应喷 1 次。

（5）葡萄　萌芽后开始喷药。多雨季节每 5～7d 喷药一次，少雨季节每 10d 喷药一次，注意抢晴喷药和雨前喷药，以防为主。

（6）荔枝　霜疫霉病在适宜的温度和湿度条件下，侵染时间短，发病快，应以预防为主。在始花期和幼果期各喷 1 次。转色期是该病的发生高峰期，需再喷 1 次。注意抢晴喷药和雨前喷药。

（7）花生　防治花生叶斑病，发病前或初见病斑时开始喷药 1 次。一般稀释 600～800 倍液。

（8）马铃薯　发病前或见病斑时开始喷药，连喷 3 次，可有效防治马铃薯晚疫病。可在专业马铃薯基地使用。

（9）烟草　苗床期喷药 1 次以减少病源。移栽后，发病前或发病初期再喷 1 次。一般稀释 600 倍液。

注意事项　使用效果与喷药质量密切相关，配药时要搅拌均匀，喷雾要均匀周到。喷药要及时，在发病前和发病初期喷药，病菌主要借雨水萌发侵染，雨前喷药防病效果好。耐雨水冲刷，可在雨前喷用。根据发病情况、作物生长发育情况、天气等因素决定用药次数并掌握好喷药间隔期。高温多雨湿度大时，作物易感病，喷药间隔期应缩短，每 7～10d 喷一次，干旱少雨时，喷药间隔期可适当延长。

混用技术　代森锰锌混配性极佳，可与多种农药混用，已登记混剂逾 897 个。

（1）国产混剂开发情况　国产代森锰锌混剂于 1990 年首先获准登记，产品为 58%甲霜·锰锌可湿性粉剂，申请厂家是江苏南通染化厂，登记证号 LS90329。截至 1992 年底，共有 2 种（58%甲霜·锰锌 WP、70%乙膦铝·锰锌 WP）、3 个混剂登记；截至 1993 年底，共有 4 个混剂登记；截至 2001 年底，混剂配方种数达 26 种，产品个数增至 261 个，相当于 1992 年的 87 倍，见表 3-18。

表 3-18　国产代森锰锌混剂截至 2001 年底登记情况

序号	代森锰锌＋	通用名称	产品规格	产品个数
（一）二元混剂				245
01	百菌清	百·锰锌	64%、70%WP	7
02	拌种灵	拌·锰锌	20%WP	1
03	苯霜灵	苯霜·锰锌	72%WP	1
04	三苯基乙酸锡	苯乙锡·锰锌	45%WP	1
05	敌磺钠	敌磺·锰锌	70%WP	1
06	多菌灵	多·锰锌	25%、35%、40%、50%、55%、60%、70%WP	44

序号	代森锰锌+	通用名称	产品规格	产品个数
（一）二元混剂				245
07	噁霜灵	噁霜·锰锌	64％WP	12
08	福美双	福·锰锌	48％、60％、70％WP	4
09	甲基硫菌灵	甲硫·锰锌	20％、50％、60％、75％WP，30％SC	6
10	甲霜灵	甲霜·锰锌	58％、70％、72％WP	26
11	腈菌唑	腈菌·锰锌	46.5％、47％、50％、52.25％、60％、62.25％、62.5％WP	14
12	菌核净	菌核·锰锌	55％、65％WP	2
13	硫黄	硫·锰锌	50％、70％WP	14
14	氢氧化铜	锰锌·氢铜	61.1％WP	1
15	霜霉威	锰锌·霜霉	50％WP	1
16	霜脲氰	锰锌·霜脲	5％DP，36％、72％WP，36％SC，20％烟剂	58
17	三唑酮	锰锌·酮	33％、40％WP	6
18	烯酰吗啉	锰锌·烯酰	50％、69％WP	2
19	烯唑醇	锰锌·烯唑	40％、45％、47％WP	3
20	三乙膦酸铝	锰锌·乙铝	50％、61％、64％、70％、75％WP，20％烟剂	40
21	异菌脲	锰锌·异菌	50％WP	1
（二）三元混剂				18
22	苯菌灵+福美双	苯菌·福·锰锌	50％WP	3
23	多菌灵+福美双	多·福·锰锌	50％、60％WP	12
24	多菌灵+乙霉威	多·乙威·锰锌	50％WP	1
25	多菌灵+异菌脲	多·异菌·锰锌	75％WP	1
26	福美双+甲霜灵	福·甲霜·锰锌	40％WP	1
合计				263

（2）进口混剂开发情况 进口代森锰锌混剂在 1992 年前只有 2 种（58％甲霜·锰锌 WP、64％噁霜·锰锌 WP）、2 个产品登记；截至 2001 年底，混剂配方种数达 9 种，产品个数增至 10 个，由 4 个国家的 6 家公司生产，见表 3-19。

表 3-19　进口代森锰锌混剂截至 2001 年底登记情况

登记证号	通用名称	产品规格	商标名称	公司名称
LS96005	锰锌·烯酰	69％WP	安克锰锌	德国巴斯夫公司
LS96006	锰锌·烯酰	69％DG	安克锰锌	德国巴斯夫公司

登记证号	通用名称	产品规格	商标名称	公司名称
LS98010	呋酰·锰锌	70％WP	百得富	法国安万特公司
LS94014	锰锌·霜脲	72％WP	克露	美国杜邦公司
LS20002	噁酮·锰锌	68.75％DG	易保	美国杜邦公司
LS97017	腈菌·锰锌	62.25％WP	仙生	美国陶氏公司
LS98009	波·锰锌	78％WP	科博	美国仙农公司
LS200120	精甲霜·锰锌	53％DG	金雷多米尔锰锌	瑞士先正达公司
PD67-88	甲霜·锰锌	58％WP	雷多米尔锰锌	瑞士先正达公司
PD82-88	噁霜·锰锌	64％WP	杀毒矾	瑞士先正达公司

代森锌（zineb）

登记用于水稻、小麦、甜菜、葡萄、黄瓜、烟草等作物。单剂规格 65％、80％可湿性粉剂。首家登记证号 PD85122。已登记原药、单剂、混剂产品逾 1329 个。可与甲霜灵、吡唑醚菌酯等混用。

稻瘟净（EBP）

登记用于水稻等作物。单剂规格 40％、50％乳油。首家登记证号 PD85143。

稻瘟灵（isoprothiolane）

其他名称 富士一号等。

产品特点 本品属于内吸性杀菌剂，具有保护、治疗作用。对稻瘟病特效，水稻植株吸收药剂后累积于叶组织，特别集中于穗轴与枝梗，从而抑制病菌侵入，阻碍病菌脂质代谢，抑制病菌生长，起到预防与治疗作用。大面积使用还可兼治稻飞虱。耐雨水冲刷，持效期长。

适用范围 水稻等。

防治对象 稻瘟病等。

单剂规格 30％、40％乳油，30％、40％可湿性粉剂，30％展膜油剂。已登记含稻瘟灵的原药、单剂、混剂产品逾 213 个。

使用技术 水稻，防治稻瘟病，每亩用 40％乳油 66.5～100mL 或 40％可湿性粉剂 66.5～100g。参 PD15-86、PD19-86。

混用技术 可与噁霉灵、咪鲜胺、己唑醇、稻瘟酰胺等混用，已登记混剂产品逾 61 个。

稻瘟酰胺（fenoxanil）

单剂规格 20％、30％、40％悬浮剂，20％可湿性粉剂。已登记原药、单剂、混剂产品逾 39 个。

使用技术 登记用于水稻，防治稻瘟病，每亩用 20％悬浮剂 50～67mL（折有效成分量 10～13g），或 30％悬浮剂 50～60mL（折有效成分量 15～18g），或 40％悬浮剂 30～50mL（折有效成分量 12～20g）；参 PD20140318、PD20160038、PD20151448。

混用技术 可与稻瘟灵、三环唑、咪鲜胺、丙环唑、戊唑醇、己唑醇、醚菌酯、氨基寡糖素等混用。

稻瘟酯（pefurazoate）

其他名称 净种灵等。本品为咪唑类杀菌剂。登记用于防治水稻恶苗病等。单剂规格 20％可湿性粉剂。首家登记证号 LS93003。

敌磺钠（fenaminosulf）

其他名称 敌克松、地克松等。

产品特点 本品具有一定内吸渗透作用。

适用范围 水稻、棉花、甜菜、马铃薯、西瓜、黄瓜、烟草、松杉苗木等。

单剂规格 1％、1.5％可湿性粉剂，50％、70％、75％、90％可溶粉剂，55％膏剂等。首家登记证号 PD85110。

混用技术 可与硫黄、福美双、甲霜灵等混用。

敌菌灵 (anilazine)

登记用于水稻、黄瓜、番茄、西瓜、香瓜、烟草等作物。单剂规格50%可湿性粉剂。首家登记证号PD86102。

敌瘟磷 (edifenphos)

其他名称 克瘟散等。

产品特点 对水稻稻瘟病有良好的预防和极佳的治疗作用。对稻瘟病病菌的几丁质合成和脂质代谢有抑制作用,主要是破坏病菌的细胞结构,并影响病菌细胞壁的形成。

适用范围 水稻、玉米、小麦、谷子等。

防治对象 水稻稻瘟病、纹枯病、胡麻斑病、小球菌核病,玉米大斑病、小斑病,小麦赤霉病、粟瘟病等。

使用技术 用于水稻,防治稻瘟病,每亩用40%乳油75~100mL或30%乳油100~133mL,参PD56-87和PD209-96。

丁吡吗啉 (pyrimorph)

登记用于番茄、辣椒等作物。单剂规格20%悬浮剂。首家登记证号LS20110179。防治番茄晚疫病、辣椒疫病,每亩用125~150mL。

丁香菌酯 (coumoxystrobin)

已取得中国发明专利,参ZL200480020125.5。已登记单剂如20%悬浮剂。单剂首家登记证号LS20100164。单剂登记用于苹果树,防治腐烂病,稀释130~200倍液;在苹果树发芽前和落叶后进行药剂处理,刮掉病疤处的腐烂皮层涂抹一次。

啶菌噁唑

其他名称菌思奇等。本品属于内吸性杀菌剂,具有保护、治疗作用。单剂规格 15％、25％乳油，25％水乳剂。登记用于番茄，防治灰霉病，每亩用 25％乳油 53～107mL；未发病或发病初期叶面喷雾，施药间隔期 7～8d，喷药 2～3 次。已登记混剂组合如啶菌·乙霉威、啶菌·福美双。

啶酰菌胺 （boscalid）

其他名称 凯泽、烟酰胺等。

产品特点 可通过根部吸收发挥作用。

单剂规格 50％水分散粒剂。首家登记证号 PD20081106。已登记产品逾 58 个。

使用技术 发病前作预防处理时使用低剂量；发病后作治疗处理时使用高剂量。以 50％水分散粒剂为例介绍其登记情况，见表 3-20。

表 3-20　50％啶酰菌胺水分散粒剂登记情况

作物（或范围）	防治对象	制剂用药量	使用方法
草莓	灰霉病	30～45g/亩	喷雾
番茄	灰霉病	30～50g/亩	喷雾
番茄	早疫病	20～30g/亩	喷雾
黄瓜	灰霉病	33～47g/亩	喷雾
马铃薯	早疫病	20～30g/亩	喷雾
葡萄	灰霉病	500～1500 倍液	喷雾
油菜	菌核病	30～50g/亩	喷雾

混用技术 已登记混剂逾 24 个，与其配伍的成分有吡唑醚菌酯、异菌脲、腐霉利、嘧霉胺、咯菌腈、乙嘧酚、嘧菌环胺等。

啶氧菌酯 （picoxystrobin）

已登记单剂如 22.5％悬浮剂。单剂首家登记证号 LS20120228。单剂登记用于黄瓜，防治霜霉病；用于辣椒，防治炭疽病；用于枣树，防治锈病；用于葡萄，防治黑痘病、霜霉病；用于香蕉，防治黑星病、叶斑病；用于西瓜，防治蔓枯病、炭疽病。

毒氟磷

本品为含氟氨基磷酸酯类新型抗病毒药剂，通过激活作物水杨酸传导，提高其含量，增强抗病毒能力，对水稻黑条矮缩病、番茄病毒病有良好防治效果。单剂规格30%可湿性粉剂。用于防治番茄病毒病，每亩用 90～110g；防治水稻黑条矮缩病，每亩用45～75g。

多果定 （dodine）

其他名称十二烷胍、正十二烷基胍醋酸盐等。65%可湿性粉剂。曾在我国进行田间药效试验，许可证号 X83034。

多菌灵 （carbendazim）

产品特点 本品属于内吸性杀菌剂，具有保护、治疗作用。主要作用机制是干扰病菌有丝分裂中纺锤体的形成，从而影响细胞分裂。

适用范围 对作物安全性极高，几乎各类植物都可使用。

防治对象 对许多子囊菌、担子菌、半知菌病害都有效。

单剂规格 15%烟剂，25%、40%、50%、80%可湿性粉剂，40%悬浮剂，90%水分散粒剂。首家登记证号 PD84118。已登记原药、单剂、混剂产品逾 1643 个。

使用技术 可作种子处理、土壤处理和空间处理，施用方法灵活多样。25%、50%可湿性粉剂登记用于防治水稻稻瘟病和纹枯病、麦类赤霉病、棉花苗期病害、油菜菌核病、花生倒秧病、果树病害。40%悬浮剂除了登记防治上述病害之外，还防治甜菜褐斑病、绿萍霉腐病。

混用技术 可混性极强，已登记混剂产品逾 1242 个。

多菌灵磺酸盐 （carbendazim sulfonic salf)

其他名称溶菌灵、菌核光等。单剂规格 35％悬浮剂，登记用于防治油菜菌核病，每亩用 100～140mL；参 LS991757。50％可湿性粉剂登记用于防治黄瓜霜霉病，每亩用 94～150g；参 LS97834。

多菌灵盐酸盐

其他名称防霉宝等。单剂规格 60％可溶粉剂。登记用于防治小麦赤霉病等。首家登记证号 LS92520。

噁霉灵 （hymexazol)

其他名称 土菌消等。

产品特点 本品属于内吸性杀菌剂，同时又是一种土壤消毒剂。具有独特的作用机理，对作物有提高生理活性的效果。

能被植物的根吸收及在根系内移动，在植株内代谢产生两种糖苷，对作物有提高生理活性的效果，从而能促进植株生长，即根的分蘖、根毛的增加和根的活性提高。

进入土壤后被土壤吸收并与土壤中的铁、铝等无机金属盐离子结合，有效抑制孢子的萌发和病原真菌菌丝体的正常生长或直接杀灭病菌，药效可达 2 周。

适用范围 水稻、黄瓜、甜菜等。

防治对象 立枯病等。

单剂规格 0.1％、1％颗粒剂，1％、8％、15％、30％水剂，30％悬浮种衣剂，70％可湿性粉剂，70％可溶粉剂，70％种子处理干粉剂，80％水分散粒剂等。已登记产品含噁霉灵的原药、单剂、混剂逾 161 个。

使用技术 可作种子处理、土壤处理、茎叶处理，施用方法如拌种、灌根、撒粒、喷雾。

混用技术 可与甲霜灵、精甲霜灵、甲基硫菌灵、稻瘟灵、咪鲜胺、福美双等混用，已登记混剂逾 65 个，如 30％甲霜灵·噁霉灵水剂（24％＋6％）。

产品评价 许多杀菌剂遇土钝化（用作土壤消毒时容易被土壤吸附，有降低药效甚至失去药效的趋势），而本品遇土活化（噁霉灵进入土壤后被土壤吸收并与土壤中的铁、铝等无机金属盐离子结合，提高控制病菌能力；被土壤吸附的能力极强，在垂直和水平方向的移动性很小，药效可达 2 周）。

‖噁霜灵 （oxadixyl）

目前尚无单剂获准登记。已登记混剂产品逾 42 个，如 64％代森锰锌·噁霜灵可湿性粉剂 （56％＋8％），其他名称杀毒矾等；参 PD82-88。

‖噁唑菌酮 （famoxadone）

单剂规格 30％水分散粒剂。首家登记证号 LS20170332。

使用技术 登记用于马铃薯，防治晚疫病，每亩用 30～40g。

混用技术 可与烯酰吗啉、霜脲氰、嘧菌酯、吡唑醚菌酯、氟硅唑等混用，已登记混剂产品逾 24 个，如 68.75％噁唑菌酮·代森锰锌水分散粒剂 （6.25％＋62.5％），商标名称易保。

二苯胺 （diphenylamine）

其他名称敌皮害等。单剂规格 31％乳油。登记用于防治苹果虎皮病，稀释 207～310 倍液；参 LS99062。

二甲嘧酚 （dimethirimol）

本品属于内吸性杀菌剂，具有保护、治疗作用。可被植物根茎叶迅速吸收，并在植物体内运转到各个部位。适用于烟草、番茄、观赏植物等，防治白粉病等。作种子处理或茎叶处理。

二硫氰基甲烷 （methane dithiocyanate）

其他名称浸种灵等。本品属于非内吸性杀菌剂，具有保护作用。登记用于水稻、大麦等作物。单剂规格 10％乳油。首家登记证号 LS93504。

二氯异氰尿酸钠 （sodium dichloroisocyanurate）

单剂规格 20％、40％、55％可溶粉剂，66％烟剂。40％可溶粉剂登记用于防治黄瓜霜霉病，每亩用 60～80g，喷雾；防治平菇木霉菌，制剂用药量为 40～48g/100kg 干料，拌料；参 PD20090008。

二氰蒽醌 （dithianon）

单剂规格 22.7％、40％、50％悬浮剂，50％、75％可湿性粉剂，66％、70％、71％水分散粒剂。可与代森锰锌、苯醚甲环唑、戊唑醇、肟菌酯、吡唑醚菌酯等混用，已登记混剂产品逾 15 个。

酚菌酮

产品特点　本品属于内吸性杀菌剂，具保护、治疗作用。
单剂规格　40％水乳剂。首家登记证号 LS20150187。
使用技术　登记用于水稻，防治纹枯病，每亩用 80～100mL，兑水喷雾。发病轻或预防时用低剂量，发病重或作治疗处理时用高剂量。每季最多使用 3 次，安全间隔期 30d。

粉唑醇 （flutriafol）

单剂规格 12.5％乳油，12.5％、25％、40％悬浮剂，50％、80％可湿性粉剂。已登记原药、单剂、混剂产品逾 47 个。登记用于水稻、小麦等作物。防治水稻纹枯病、稻曲病、小麦白粉病等。可与嘧菌酯等混用。

氟苯嘧啶醇 （nuarimol）

本品属于内吸性杀菌剂，为嘧啶类杀菌剂，对许多植物病原真菌有活性。对大麦和小麦以 40g(a.i.)/hm² 进行茎叶喷雾能防治大麦白粉病。用 100～200mg/kg 种子对大麦和小麦进行拌种，防治白粉病。还可用来防治果树上由白粉菌和黑星菌引起的病害。

氟吡菌胺（fluopicolide）

目前尚无单剂获准登记。可与氰霜唑、代森锰锌等混用，已登记混剂如 68.75% 氟吡菌胺·霜霉威盐酸盐悬浮剂（6.25%＋62.5%），商标名称银法利。

氟吡菌酰胺（fluopyram）

其他名称　路富达等。

单剂规格　41.7%悬浮剂。首家登记证号 PD20121664。

使用技术　登记用于防治真菌病害和线虫病害。

（1）黄瓜　防治白粉病，于病害发生初期施药，每亩用 5～10mL，兑水进行叶面喷雾。每隔 7～10d 施用一次，连续施用 2～3 次。

（2）番茄　防治根结线虫，用药量为 0.024～0.030mL/株，施药方法为灌根。按推荐剂量兑水在移栽当天进行灌根，每株用药液量 400mL。

混用技术　已登记混剂如 35% 氟吡菌酰胺·肟菌酯悬浮剂（21.5%＋21.5%），商标名露娜森；35% 氟吡菌酰胺·戊唑醇悬浮剂（17.5%＋17.5%），商标名露娜润。

氟啶胺（fluazinam）

其他名称　福帅得等。

单剂规格　40%、50%悬浮剂，50%、70%水分散粒剂。已登记原药、单剂、混剂产品逾 59 个。

使用技术　以 50%悬浮剂为例介绍其使用技术，参 PD200801801。

（1）大白菜　防治根肿病，在定植前使用，并在施药后当天立即进行移栽；每亩用 267～333mL；根据土壤墒情，将药剂兑水 60～70L 后均匀喷施于土壤表面，再将药剂充分混土 10～15cm 深度，每季仅施药 1 次。

（2）辣椒　防治疫病，在发病前或发病初期使用，每亩用25～33mL；防治炭疽病，在发病前或发病初期使用，每亩用 25～35mL。

（3）马铃薯　防治晚疫病，在发病前或发病初期使用，每亩用27～33mL；防治早疫病，在发病前或发病初期使用，每亩用25～35mL。

注意事项　用于大白菜土壤喷施时应将大块土壤打碎以保证药效，并且不要施药于大白菜苗床上。对瓜类作物有药害，瓜田禁止使用，施药时注意不要将药液飞散到瓜田。

混用技术　可与霜霉威盐酸盐、霜脲氰、氰霜唑、烯酰吗啉、嘧菌酯、苯醚菌酯、异菌脲等混用，已登记混剂逾 12 个。

氟硅唑（flusilazole）

商标名称　福星等。

产品特点　本品属于内吸性杀菌剂，具有保护、治疗作用。

单剂规格　2.5％热雾剂，5％、8％、20％、25％、30％微乳剂，10％、40％乳油，10％、25％、30％水分散粒剂，10％、15％、25％水乳剂，20％可湿性粉剂等。首家登记证号 LS93013。已登记原药、单剂产品逾 130 个。

使用技术　以 40％乳油为例，登记用于防治梨树黑星病、赤星病，稀释 8000～10000 倍液；防止葡萄黑痘病，稀释 8000～10000 倍液；防治黄瓜黑星病，每亩用 7.5～12.5mL；防治菜豆白粉病，每亩用 7.5～9.4mL；参 PD376-2002。

注意事项　酥梨品种幼果前期嫩叶萌发时，使用本品偶有新叶片卷缩现象，过一段时间会恢复，但仍请避开此时期使用，即在萌芽前至开始落花 15d 后使用。

混用技术　可与咪鲜胺、多菌灵等混用，已登记混剂逾 32 个。

氟环唑（epoxiconazole）

其他名称　欧博、欧宝等。

产品特点　本品属于内吸性杀菌剂，具有保护、治疗作用。能被植物的茎、叶吸收，并向上、向外传导。

适用范围 小麦、水稻、玉米、大豆、花生、香蕉等。

单剂规格 7.5%乳油，12.5%、25%、30%、40%悬浮剂，50%、70%水分散粒剂。已登记原药、单剂、混剂产品逾186个。

使用技术 作茎叶处理。

(1) 小麦 防治锈病，于发病初期和始盛期施药；每亩用12.5%悬浮剂48～60mL（病害初发期用低剂量，始盛期用高剂量，即可达到较好的防治效果）；视植株大小每亩兑水45～60L；参PD20070365。安全间隔期为30d。

(2) 水稻 防治纹枯病、稻曲病，在水稻分蘖末期开始第一次施药，在孕穗期进行第二次施药；每亩用12.5%悬浮剂40～50mL；每亩兑水40～50L。安全间隔期为21d。

(3) 香蕉 防治叶斑病，7.5%乳油稀释400～750倍液；防治黑星病，稀释500～750倍液；每亩兑水45～80L；参PD20095337。发病初期用药，每季施药3～4次，间隔7～10d用药一次。仔蕉期施药，应尽量避免药剂喷洒至仔蕉表面，以防产生药害。

(4) 苹果 防治褐斑病，12.5%悬浮剂稀释500～658倍液；可连续施药3次，间隔10～14d施药1次。

混用技术 可与三环唑、多菌灵、咪鲜胺、苯醚甲环唑、烯肟菌酯、噻呋酰胺、井冈霉素等混用，已登记混剂逾72个。

氟菌唑（triflumizole）

其他名称特富灵等。本品属于内吸性杀菌剂，具有保护、治疗作用。登记作物多，例如用于草莓、黄瓜、葡萄、西瓜、烟草，防治白粉病；用于梨树，防治黑星病。单剂规格如30%、35%、40%可湿性粉剂。已登记产品逾27个。可与多菌灵、醚菌酯、宁南霉素等混用，已登记混剂组合逾3种，混剂产品逾4个。

氟吗啉（flumorph）

其他名称金福灵、奇露等。单剂规格20%可湿性粉剂，60%

水分散粒剂。以 20％可湿性粉剂为例，用于黄瓜防治霜霉病，每亩用 25～50g。可与吡唑醚菌酯、三乙膦酸铝、代森锰锌等混用。

氟醚菌酰胺

其他名称 卡诺滋等。

产品特点 本品属于新型含氟苯甲酰胺类（又称吡唑酰胺类）杀菌剂，作用于真菌线粒体呼吸链，抑制琥珀酸脱氢酶（复合物Ⅱ）的活性从而阻断电子传递，抑制真菌孢子萌发、芽管伸长、菌丝生长和产孢，对病原菌的细胞膜通透性和三羧酸循环都有一定的作用。

单剂规格 50％水分散粒剂。首家登记证号 PD20170009。

使用技术 登记用于黄瓜，防治霜霉病，于霜霉病发生前或发病初期施药，每亩用 6～9g，对黄瓜植株均匀喷雾。每季最多使用 3 次，施药间隔 7d；安全间隔期 3d。

混用技术 已登记混剂如 40％氟醚菌酰胺·己唑醇悬浮剂（20％＋20％），登记用于水稻，防治纹枯病；参 PD2017000。

氟嘧菌酯 （fluoxastrobin）

已登记混剂如 51％氟嘧菌酯·百菌清悬浮剂（4.6％＋46.4％），商标名称益唯殊，登记用于防治黄瓜霜霉病、番茄晚疫病。

氟噻唑吡乙酮 （oxathiapiprolin）

其他名称 增威赢绿等。

产品特点 本品为全新作用机理杀菌剂，通过对氧化固醇结合蛋白（OSBP）的抑制达到杀菌效果。对卵菌纲具有优异的杀菌活性。与其他产品无交互抗药性，是病害综合防治的理想药剂。为预防抗药性产生，建议与其他不同作用机理杀菌剂如代森锰锌、噁唑菌酮等混合使用。

单剂规格 10％可分散油悬浮剂。首家登记证号 LS20150355。

使用技术 作茎叶处理。

（1）葡萄　防治霜霉病，稀释 2000～3000 倍。发病前保护性施药，共施 2 次，施药间隔 10d 左右；安全间隔期 7d。

（2）番茄　防治晚疫病，每亩用 10～20mL。发病前保护性施药，共施 2 次，施药间隔 10d 左右；安全间隔期 5d。

（3）辣椒　防治疫病，每亩用 15～25mL。发病前保护性施药，保护地辣椒于移栽 3～5 天缓苗后开始施药，共施 2～3 次，施药间隔 10d 左右，喷药时应覆盖辣椒全株并重点喷施茎基部；安全间隔期 5d。

（4）马铃薯　防治晚疫病，每亩用 15～20mL。发病前保护性施药，共施 2～3 次，施药间隔 10d 左右；安全间隔期 10d。

（5）黄瓜　防治霜霉病，每亩用 10～20mL。发病前保护性施药，露地黄瓜每季可施 2 次，保护地黄瓜可于秋季和春季两个发病时期分别施 2 次，施药间隔 10d 左右；安全间隔期 3d。

氟酰胺（flutolanil）

其他名称　望佳多、氟纹胺、法力等。

产品特点　本品具有预防保护、内吸治疗作用。通过叶鞘和根被植物吸收移动。

单剂规格　20％可湿性粉剂。首家登记证号 LS87021。

使用技术　登记用于水稻、花生、草坪。作茎叶处理。

（1）水稻　防治纹枯病，每亩用 100～125g。在水稻抽穗前、纹枯病发病前或初期施药。每季最多使用 2 次，安全间隔期 21d。

（2）花生　防治白绢病，每亩用 75～125g。在发病初期，采用茎基部喷淋法施药，可连续使用 2～3 次，施药间隔 7～10d。

（3）草坪　防治褐斑病，每亩用 90～112g。

混用技术　已登记混剂如 20％氟酰胺·嘧菌酯水分散粒剂（10％＋10％）、60％氟酰胺·嘧菌酯水分散粒剂（30％＋30％）。

氟唑环菌胺（sedaxane）

其他名称　根穗宝等。

产品特点　本品具有内吸性，同时可在根系周围形成保护圈。可以从种子渗透到周围的土壤，从而对种子、根系和茎基部形成一个保护圈。从有机土壤到沙质土壤，氟唑环菌胺在不同土壤类型中的移动性都较好，可以均匀分布于作物整个根系。

单剂规格　44%悬浮种衣剂。首家登记证号 PD20150321。

使用技术　登记用于玉米，防治丝黑穗病，用药量为 30～90mL/100kg 种子，施药方法为种子包衣。取规定用量的药剂，加入适量水［药浆种子比为 1：（50～100）］搅拌，将种子倒入，充分搅拌均匀，晾干后即可播种。用于处理的种子应达到国家良种标准。

混用技术　已登记混剂如 8%氟唑环菌胺·咯菌腈种子处理悬浮剂（3.55%＋4.45%）、9%氟唑环菌胺·苯醚甲环唑·咯菌腈种子处理悬浮剂（4.6%＋2.2%＋2.2%）。

氟唑活化酯

产品特点　本品及其衍生物是植物激活剂，本身没有显著的杀菌或抑菌作用，但能诱发植物自身的免疫系统，以抵御病害的侵袭；其抗病性具有持效性和广谱性。

单剂规格　5%乳油。首家登记证号 LS20150102。

使用技术　登记用于黄瓜，防治白粉病，稀释 2500～5000 倍液。于病害发生前进行叶面喷雾，发病后使用防效将显著降低。最佳用药时间为黄瓜定植缓苗后（约 7～10d）、白粉病发生前。根据作物长势施药 3～5 次，施药间隔 7d；安全间隔期 3d。

氟唑菌苯胺（penflufen）

其他名称　阿马士等。

产品特点　本品具有一定内吸传导性，既能够保护马铃薯的块茎和匍匐茎，又能保护主茎，具有较高的防效和较长的持效期。能提高马铃薯出苗率、保苗率，促进马铃薯植株生长，通过防治马铃薯黑痣病而提高马铃薯产量，改善薯块整齐度、形状和表皮光洁度等品质。

单剂规格　22%种子处理悬浮剂。首家登记证号 LS20150048。

使用技术 作种子处理。

（1）马铃薯 防治黑痣病，用药量为 8～12mL/100kg 种薯，施药方法为种薯包衣。既可用于专业化机械包衣，也可用于农户手工包衣。所用种薯需达到国家良种标准。手工包衣：根据种薯量确定制剂用药量，加适量清水，混合均匀调成浆状药液，倒在种薯上充分搅拌，待均匀着药后，摊开，于通风阴凉处晾干。马铃薯种薯处理加药液量为5～10mL/kg 种薯。机械包衣：按推荐制剂用药量加适量清水，混合均匀调成浆状药液；选用适宜的包衣机械，根据要求调整药种比进行包衣处理，处理后摊开，于通风阴凉处晾干。

（2）水稻 防治恶苗病、纹枯病，用药量为 830～1250mL/100kg 种子，施药方法为拌种。

氟唑菌酰胺 （fluxapyroxad）

已登记混剂逾 3 个，例如 42.4%氟唑菌酰胺·吡唑醚菌酯悬浮剂（21.2%＋21.2%），商标名健达，登记用于番茄、辣椒、黄瓜、西瓜、草莓、马铃薯、葡萄、芒果等；参 PD20160350。又如 12%氟唑菌酰胺·氟环唑悬浮剂（6%＋6%），商标名健武；12%氟唑菌酰胺·苯醚甲环唑悬浮剂（5%＋7%），商标名健攻。

福美双 （thiram）

登记用于水稻、小麦、甜菜、葡萄、黄瓜、烟草等作物。单剂规格 10%膏剂，50%、70%可湿性粉剂，80%水分散粒剂。首家登记证号 PD85122。已登记原药、单剂、混剂产品逾 1329 个。可与多菌灵、甲基硫菌灵、腐霉利、苯醚甲环唑等混用，已登记混剂产品逾 1183 个。

福美铁 （ferbam）

又叫福美特、二甲氨基磺酸铁、N,N-二甲基二硫代氨基甲酸铁等。跟福美锌、福美钠、福美镍、福美铵等构成福美系列，现很少使用。

福美锌 （ziram）

其他名称炭妥等。单剂规格 72％可湿性粉剂，75％、80％水分散粒剂。已登记原药、单剂、混剂产品逾 181 个。登记用于防治苹果炭疽病等；参 LS20041628。

腐霉利 （procymidone）

其他名称　速克灵等。

产品特点　本品属于内吸性杀菌剂，具有优良的预防、治疗作用。保护效果很好，持效期长，能阻止病斑发展。因此在发病前进行保护性使用或在发病初期使用可取得满意效果。使用适期长，它有从叶、根内吸的作用，因此，它的耐雨性好；没有直接喷洒到药剂部分的病害也能被控制；对已经深入到植物体内的深部的病菌也有效。

适用范围　番茄、黄瓜、葡萄、葱、油菜、桃、樱桃等。

防治对象　灰霉病、菌核病、褐腐病等。

单剂规格　10％、15％烟剂，20％、35％、43％悬浮剂，50％、80％可湿性粉剂，80％水分散粒剂。已登记含腐霉利的原药、单剂、混剂产品逾 162 个。

使用技术　下面介绍 2 种单剂产品的登记情况，参 PD74-88和 PD20151500，见表 3-21。

表 3-21　腐霉利两种单剂产品登记情况

登记作物	防治对象	50％可湿性粉剂制剂用药量	43％悬浮剂制剂用药量
番茄	灰霉病	50～100g/亩	100～130mL/亩
黄瓜	灰霉病	50～100g/亩	75～100mL/亩
葡萄	灰霉病	75～150g/亩	
油菜	菌核病	30～60g/亩	

混用技术　可与百菌清、福美双、多菌灵、戊唑醇、己唑醇、啶酰菌胺等混用，已登记混剂产品逾 73 个。

腐植酸钠（HA-Na）

已登记混剂如 3.3％腐植酸钠•硫酸铜水剂，其他名称治腐灵，登记用于防治苹果腐烂病；参 LS95665。

腐植酸铜（HA-Cu）

其他名称腐烂净、果腐康等。单剂规格 2.12％、2.2％水剂。登记用于防治苹果腐烂病、柑橘脚腐病；参 LS90351。

咯菌腈（fludioxonil）

其他名称 适乐时、卉友等。

适用范围 水稻、小麦、玉米、花生、观赏菊花等。

单剂规格 2.5％悬浮种衣剂，50％可湿性粉剂。首家登记证号 LS99013。已登记原药、单剂产品逾 47 个。

使用技术 常作种子处理、土壤处理，也可作茎叶处理。2.5％咯菌腈悬浮种衣剂登记情况见表 3-22。

表 3-22　2.5％咯菌腈悬浮种衣剂登记情况

作物（或范围）	防治对象	制剂用药量	使用方法
水稻	恶苗病	①400～600mL/100kg 种子 ②200～300mL/100kg 种子	①种子包衣 ②浸种
小麦	腥黑穗病	100～200mL/100kg 种子	种子包衣
小麦	根腐病	150～200mL/100kg 种子	种子包衣
玉米	茎基腐病	100～200mL/100kg 种子	种子包衣
马铃薯	黑痣病	100～200mL/100kg 种子	种子包衣
大豆	根腐病	600～800mL/100kg 种子	种子包衣
花生	根腐病	600～800mL/100kg 种子	种子包衣
棉花	立枯病	600～800mL/100kg 种子	种子包衣
向日葵	菌核病	600～800mL/100kg 种子	种子包衣
西瓜	枯萎病	400～600mL/100kg 种子	种子包衣
人参	立枯病	200～400mL/100kg 种子	种子包衣

混用技术 可与精甲霜灵、嘧菌酯、氟环唑、氟唑环菌胺、啶

酰菌胺等混用，已登记混剂逾 89 个。

硅噻菌胺 （silthiopham）

其他名称全蚀净等。单剂规格 12.5％悬浮剂，12％种子处理悬浮剂。首家登记证号 PD20080776。以 12.5％悬浮剂为例，登记用于冬小麦防治全蚀病，制剂用药量 1∶（312.5～625）（药种比），拌种。

过氧乙酸 （peracetic acid）

其他名称复生、康健、果富康、菌之敌、克菌星等。单剂规格 21％水剂，登记用于黄瓜，防治灰霉病，每亩用 140～233g，喷雾；参 LS981481 和 LS99615 等。

环丙唑醇 （cyproconazole）

其他名称博泽等。单剂规格 40％悬浮剂。登记用于小麦，防治锈病；发病前或发病初期开始施药，一般在小麦孕穗至抽穗期，每亩用 15～18mL；叶面喷雾，施药 2 次，间隔 7～10d；参 PD20161263。可与嘧菌酯等混用。

环己基甲酸锌

已登记混剂如 25％环己基甲酸锌·苯菌灵乳油（22％＋3％），防治芦笋茎枯病；参 LS96504。

混合氨基酸镁

已登记混剂如 15％混合氨基酸铜·锌·锰·镁复合盐水剂，参 LS93585。主要通过铜离子起杀菌作用，锌、锰、镁离子对增强铜离子的杀菌活性和调节、治疗作物因缺少营养元素而引起的生理性病害具有一定作用。该混剂的氨基酸等可通过提供植物营养物质，促进作物生长，提高作物抗病能力。

混合氨基酸锰

已登记混剂如 15％混合氨基酸铜·锌·锰·镁复合盐水剂，参 LS93585。

混合氨基酸铜

其他名称　又称氨基酸铜等。

产品特点　本品系动物蛋白质经酸水解制得的混合氨基酸与铜盐反应生成的。起保护作用。

单剂规格　7.5％、10％水剂。

使用技术　登记防治水稻稻曲病，每亩用 250～375mL。防治西瓜枯萎病，稀释 222～333 倍。

混用技术　可与多菌灵等混用。15％混合氨基酸铜·锌·锰·镁复合盐水剂主要通过铜离子起杀菌作用，锌、锰、镁离子对增强铜离子的杀菌活性和调节、治疗作物因缺少营养元素而引起的生理性病害具有一定作用。该混剂的氨基酸等可通过提供植物营养物质，促进作物生长，提高作物抗病能力。

混合氨基酸锌

已登记混剂如 15％混合氨基酸铜·锌·锰·镁复合盐水剂，参 LS93585。

活化酯

本品是商品化最为成功的一种植物诱抗剂，其本身对病原菌无直接杀灭活性，但能够诱导植物自身产生对病原菌广谱而持久的抗性。活化酯的成功开发，开创了病虫害防治的新篇章。

己唑醇 （hexaconazole）

其他名称安福等。单剂规格 5％、10％、25％、30％、40％悬浮剂，5％、10％乳油，5％、10％微乳剂，30％、40％、50％、70％水分散粒剂，50％可湿性粉剂。首家登记证号 LS99015。已登记原药、单剂产品逾 168 个。登记用于防治水稻纹枯病、稻曲病，番茄灰霉病等。可与噻呋酰胺、多菌灵、嘧菌酯、甲基硫菌灵、三环唑、吡唑醚菌酯等混用，已登记混剂逾 83 个。

甲呋酰胺（fenfuram）

目前尚无单剂获准登记。已登记混剂如 70％甲呋酰胺·代森锰锌可湿性粉剂（6％ + 64％），用于防治番茄晚疫病；参 LS98010。

甲基立枯磷（tolclofos-methyl）

单剂规格 20％乳油。登记用于防治水稻苗期立枯病、棉花苗期立枯病等。可与多菌灵、福美双等混用，已登记混剂逾 17 个。

甲基硫菌灵（thiophanate-methyl）

其他名称甲基托布津等。本品属于内吸性杀菌剂，具有保护、治疗作用。在植物体内转化为多菌灵，干扰病菌有丝分裂中纺锤体的形成，影响细胞分裂。

登记作物多，例如防治水稻稻瘟病、水稻纹枯病、小麦赤霉病、花生褐斑病、苹果轮纹病、苹果腐烂病、柑橘疮痂病、芦笋茎枯病、西瓜炭疽病。单剂规格如 3％糊剂，50％悬浮剂，70％可湿性粉剂。已登记产品逾 705 个。可作种子处理、土壤处理、茎叶处理，施用方法如拌种、浸种、灌根、撒粒、喷雾。

可与硫黄、苯醚甲环唑、戊唑醇、吡唑醚菌酯、福美双等混用，已登记混剂产品逾 348 个。

甲羟鎓

其他名称强力杀菌剂等。本品属于内吸性杀菌剂。登记用于水稻等作物。对真菌和细菌病害有一定的治愈力，登记防治棉花苗期立枯病、炭疽病等。单剂规格 50％水剂。首家登记证号 LS92321。

甲噻诱胺

单剂规格 25％悬浮剂。登记防治烟草病毒病，稀释 100～120 倍液喷雾；参 PD20170014。已登记混剂如 24％甲诱·吗啉胍悬浮剂（8％＋16％）。

甲霜灵（metalaxy）

其他名称阿普隆等。本品属于内吸性杀菌剂，具有保护、治疗作用。首家登记证号 PD7-85。已登记单剂如 35％拌种剂，用于谷子，防治白发病，制剂用药量为 200～300g/100kg 种子，拌种。可与代森锰锌、多菌灵等混用。

腈苯唑（fenbuconazole）

其他名称应得等。本品属于内吸性杀菌剂，具有保护、治疗作用。首家登记证号 PD240-98。已登记单剂仅 1 个，为 24％悬浮剂。用于水稻防治稻曲病，每亩用 15～20mL；用于香蕉防治叶斑病，稀释 960～1200 倍液；用于桃树防治褐腐病，稀释 2500～3200 倍液。

腈菌唑（myclobutanil）

其他名称叶斑清等。本品属于内吸性杀菌剂，具有保护、治疗作用。单剂规格 25％乳油等。首家登记证号 LS92535。已登记原药、单剂、混剂产品逾 239 个。25％乳油用于防治小麦白粉病，每亩用 8～16mL；在小麦扬花期开始喷第一次药，半个月后再喷一次。

精甲霜灵（metalaxyl-M）

其他名称金阿普隆等。本品属于内吸性杀菌剂，具有保护、治疗作用。已登记单剂如35%种子处理乳剂，用于防治棉花猝倒病、水稻烂秧病、大豆根腐病、花生霜霉病、向日葵霜霉病；参PD20070474。可与代森锰锌、百菌清、咯菌腈等混用。

菌毒清

本品具有一定内吸和渗透作用。登记用于防治苹果腐烂病、辣（甜）椒病毒病、番茄病毒病、棉花枯萎病等。单剂规格5%水剂。首家登记证号LS91325。

菌核净（dimetachlone）

登记用于水稻、油菜、烟草等作物。单剂规格40%可湿性粉剂。首家登记证号PD86108。

克菌丹（captan）

其他名称 美派安等。

产品特点 本品具有保护作用。对靶标病原菌有多个作用方式，不易产生抗药性。喷施后可快速渗入病菌孢子，干扰病菌的呼吸、细胞膜的形成和细胞分裂而杀死病菌。

单剂规格 40%悬浮剂，45%悬浮种衣剂，50%、80%可湿性粉剂，80%、90%水分散粒剂。已登记原药、单剂产品逾47个。

使用技术 以50%可湿性粉剂为例介绍其登记情况（表3-23），可连喷3～5次，根据发病条件施药间隔为7～10d；参PD20080466。

表3-23　50%克菌丹可湿性粉剂登记情况

作物(或范围)	防治对象	制剂用药量	使用方法
草莓	灰霉病	400～600倍液	喷雾
葡萄	霜霉病	400～600倍液	喷雾
苹果	轮纹病	400～800倍液	喷雾
梨树	黑星病	500～700倍液	喷雾
番茄	叶霉病	125～187.5g/亩	喷雾

作物(或范围)	防治对象	制剂用药量	使用方法
番茄	早疫病	125~187.5g/亩	喷雾
辣椒	炭疽病	125~187.5g/亩	喷雾
黄瓜	炭疽病	125~187.5g/亩	喷雾

混用技术 已登记混剂如 40％克菌丹·戊唑醇悬浮剂（32％＋8％）。

克菌壮

其他名称浸种灵等。本品属于非内吸性杀菌剂，具有保护作用。登记用于水稻防治白叶枯病等。原粉首家登记证号 LS89320。

喹啉铜 （oxine-copper）

其他名称 必绿、净果精等。

产品特点 本品属于内吸性杀菌剂，具有保护、治疗作用。

单剂规格 12.5％、50％可湿性粉剂，33.5％、40％悬浮剂。

使用技术 在作物发病前或发病初期施药。

以 33.5％悬浮剂为例，登记用于防治番茄晚疫病，每亩用 30~37g；防治葡萄霜霉病，稀释 750~1500 倍液；防治铁皮石斛软腐病，稀释 500~1000 倍液；防治杨梅树褐斑病，稀释 1000~2000 倍液；参 PD20101862。防治黄瓜霜霉病，每亩用 34~38mL；防治柑橘溃疡病，稀释 1000~1250 倍液；参 PD20150445。

混用技术 可与烯酰吗啉、霜脲氰、春雷霉素、多抗霉素、戊唑醇等混用。

联苯三唑醇 （bitertanol）

其他名称百科等。单剂规格 25％可湿性粉剂。登记用于防治花生叶斑病、油菜菌核病等；参 LS2004066。

邻酰胺 （mebenil）

登记用于水稻、小麦、棉花、茶叶、甜菜、花生、高粱等作物。单剂规格 25%悬浮剂。首家登记证号 PD85148。

硫酸四氨络合锌 （zinc tetramminosulfate）

已登记混剂如 25%络氨铜·硫酸四氨络合锌水剂，防治西瓜枯萎病；参 LS89309。又如 25.9%络氨铜·硫酸四氨络合锌·柠檬酸铜水剂，其他名称西瓜克枯净、抗枯灵、植保灵、蓝剑等，防治水稻细菌性条斑病、西瓜枯萎病；参 LS89310、LS97975。

络氨铜 （cuaminosulfate）

其他名称硫酸四氨络合铜等。本品具有保护作用。主要通过铜离子发挥杀菌作用。登记用于柑橘、棉花、西瓜、水稻、番茄等作物。单剂规格 15%、23%、25%水剂。首家登记证号 LS89301。已登记原药、单剂、混剂产品逾 47 个。可与霜霉威、噁霉灵等混用。

氯苯嘧啶醇 （fenarimol）

其他名称乐必耕等。本品具有保护、治疗作用。首家登记证号 PD145-91。已登记单剂仅 1 个，为 6%可湿性粉剂，用于防治苹果白粉病、梨树黑星病。

氯啶菌酯

已登记单剂规格如 15%乳油，15%水乳剂。单剂首家登记证号 LS20120040。单剂登记用于水稻，防治稻瘟病、稻曲病；用于小麦，防治白粉病；用于油菜，防治菌核病。

已登记混剂组合如氯啶菌酯·戊唑醇。

氯溴异氰尿酸 （chloroisobromine cyanuric acid）

其他名称灭均成等。能防治多种真菌、细菌、病毒病害。单剂规格 50％可溶粉剂。登记用于防治水稻白叶枯病，每亩用 22.4～56g；防治水稻纹枯病、稻瘟病、细菌性条斑病，每亩用 50～60g；防治水稻条纹叶枯病，每亩用 55～69g；防治大白菜软腐病，每亩用 50～60g；防治黄瓜霜霉病，每亩用 60～70g；防治烟草赤星病，每亩用 50～60g；防治烟草野火病每亩用 50～80g；防治辣椒病毒病，每亩用 60～70g；参 PD20095663。可与春雷霉素、硫酸铜等混用。

咪鲜胺 （prochloraz）

其他名称施保克、使百克等。本品属于咪唑类杀菌剂，具有保护、治疗作用（尽管其不具有内吸性，但具有一定的传导性能）。单剂规格 25％乳油，45％水乳剂，首家登记证号 LS93022。

咪鲜胺锰盐 （prochloraz-manganese chloride complex）

其他名称施保功、使百功、咪鲜胺锰络合物等。本品属于咪唑类杀菌剂，具有保护、治疗作用（尽管其不具有内吸性，但具有一定的传导性能）。以咪鲜胺-氯化锰复合物为有效成分（表 3-24，表 3-25）。单剂规格 25％、50％、60％可湿性粉剂，以 50％可湿性粉剂为例介绍其登记情况（表 3-26），首家登记证号 LS93018。

表 3-24　咪鲜胺锰盐两种 25％乳油登记情况

作物(或范围)	防治对象	制剂用药量	使用方法	登记证号
柑橘	蒂腐病	500～1000 倍液	浸果	
柑橘	绿霉病	500～1000 倍液	浸果	
柑橘	青霉病	500～1000 倍液	浸果	
柑橘	炭疽病	500～1000 倍液	浸果	PD20030018
芒果	炭疽病	250～500 倍液	浸果	
		500～1000 倍液	喷雾	
水稻	恶苗病	2000～4000 倍液	浸种	

作物(或范围)	防治对象	制剂用药量	使用方法	登记证号
大蒜	叶枯病	100～120g/亩	喷雾	
柑橘	蒂腐病	500～1000 倍液	浸果	
柑橘	绿霉病	500～1000 倍液	浸果	
柑橘	青霉病	500～1000 倍液	浸果	
柑橘	炭疽病	500～1000 倍液	浸果	
黄瓜	炭疽病	500～1000 倍液	喷雾	
辣椒	枯萎病	500～750 倍液	喷雾	
荔枝	炭疽病	1000～1200 倍液	喷雾	
龙眼	炭疽病	1000～1200 倍液	喷雾	
芒果	炭疽病	1000～1500 倍液	喷雾	
		500～750 倍液	浸果	
苹果	炭疽病	750～1000 倍液	喷雾	PD20080001
葡萄	黑痘病	60～80g/亩	喷雾	
芹菜	斑枯病	50～70mL/亩	喷雾	
水稻	稻曲病	50～60g/亩	喷雾	
水稻	稻瘟病	60～100g/亩	喷雾	
水稻	恶苗病	2000～4000 倍液	浸种	
西瓜	枯萎病	750～1000 倍液	喷雾	
香蕉	炭疽病	500～1000 倍液	浸果	
小麦	白粉病	50～60g/亩	喷雾	
小麦	赤霉病	50～60g/亩	喷雾	
烟草	赤星病	50～100g/亩	喷雾	
油菜	菌核病	40～50g/亩	喷雾	

表 3-25　咪鲜胺锰盐两种 45％水乳剂登记情况

作物(或范围)	防治对象	制剂用药量	使用方法	登记证号
柑橘	蒂腐病	1000～2000 倍液	浸果	
柑橘	绿霉病	1000～2000 倍液	浸果	
柑橘	青霉病	1000～2000 倍液	浸果	
柑橘	炭疽病	1000～2000 倍液	浸果	PD20150992
水稻	恶苗病	4000～8000 倍液	浸种	
香蕉	冠腐病	900～1800 倍液	浸果	
香蕉	炭疽病	900～1800 倍液	浸果	
水稻	稻瘟病	44.4～55.5g/亩	喷雾	PD20070655
香蕉	冠腐病	450～900 倍液	浸果	

可与三环唑、稻瘟灵、异菌脲等多种成分混用。

表 3-26 咪鲜胺锰盐两种 50%可湿性粉剂登记情况

作物(或范围)	防治对象	制剂用药量	使用方法	登记证号
柑橘(果实)	蒂腐病	1000～2000 倍液	浸果	
柑橘(果实)	绿霉病	1000～2000 倍液	浸果	
柑橘(果实)	青霉病	1000～2000 倍液	浸果	
柑橘(果实)	炭疽病	1000～2000 倍液	浸果	
黄瓜	炭疽病	38～75g/亩	喷雾	PD386-2003
芒果	炭疽病	1000～2000 倍液	喷雾	
		500～1000 倍液	浸果	
蘑菇	白腐病	0.8～1.2g/m²	拌于覆盖土或喷淋菇床	
蘑菇	褐腐病	0.8～1.2g/m²	拌于覆盖土或喷淋菇床	
大蒜	叶枯病	50～60g/亩	喷雾	
柑橘	绿霉病	1000～2000 倍液	浸果	
柑橘	青霉病	1000～2000 倍液	浸果	
辣椒	灰霉病	30～40g/亩	喷雾	
芒果	炭疽病	500～1000 倍液	浸果	
蘑菇	湿泡病	0.8～1.2g/m²	喷雾	PD20070522
葡萄	黑痘病	1500～2000 倍液	喷雾	
水稻	稻瘟病	60～70g/亩	喷雾	
西瓜	枯萎病	800～1500 倍液	喷雾	
烟草	赤星病	35～47g/亩	喷雾	

可与苯醚甲环唑、戊唑醇、己唑醇、甲基硫菌灵、多菌灵、丙森锌等多种成分混用,已登记混剂组合逾 7 种,混剂产品逾 29 个。

咪鲜胺铜盐

其他名称新意、咪鲜胺铜络合物等。本品属于咪唑类杀菌剂,具有保护、治疗作用(尽管其不具有内吸性,但具有一定的传导性能)。以咪鲜胺-氯化铜复合物为有效成分。

已登记单剂仅 1 个,为 50%悬浮剂。用于小麦防治赤霉病,每亩用 20～40mL;用于苹果防治炭疽病,稀释 1500～2000 倍液;参 PD20160347。

已登记咪鲜胺铜盐·氟环唑、精甲霜灵·咪鲜胺铜盐·噻虫胺、嘧菌酯·咪鲜胺铜盐·噻虫嗪等 3 种混剂组合。

醚菌酯 （kresoxim-methyl）

其他名称　翠贝等。

单剂规格　已登记单剂规格有 10％微乳剂，10％、30％、40％悬浮剂，50％、60％、80％水分散粒剂，30％、50％可湿性粉剂。单剂首家登记证号 LS20020032。本品是同类产品中较热的品种，国内外厂家竞相投入精力开发，2013 年含醚菌酯的登记产品数量即达 60 个，目前已逾 494 个。

使用技术　本品单剂登记作物和防治对象颇多。防治草莓白粉病，稀释 3000～5000 倍液；防治黄瓜白粉病，每亩用 13～20g；防治梨树黑星病，稀释 3000～5000 倍液；防治苹果黑星病，稀释 5000～7000 倍液；防治苹果斑点落叶病，稀释 3000～4000 倍液。

混用技术　已登记混剂组合逾 11 个，例如醚菌酯·苯醚甲环唑、醚菌酯·戊唑醇、醚菌酯·己唑醇、醚菌酯·多菌灵、醚菌酯·甲基硫菌灵、醚菌酯·氟环唑、醚菌酯·氟菌唑、醚菌酯·丙森锌、醚菌酯·甲霜灵、醚菌酯·烯酰吗啉、醚菌酯·啶酰菌胺。

嘧菌环胺 （cyprodinil）

其他名称和瑞等。30％、40％悬浮剂，50％可湿性粉剂，50％水分散粒剂。登记用于草莓、韭菜、辣椒、葡萄、苹果等，防治灰霉病、苹果斑点落叶病等。可与咯菌腈、甲基硫菌灵、啶酰菌胺、异菌脲等混用。

嘧菌酯 （azoxystrobin）

其他名称　阿米西达等。

单剂规格　已登记单剂规格有 25％、30％、50％悬浮剂，20％、50％、60％、80％ 水分散粒剂。单剂首家登记证号 LS200119。本品是同类产品中最热的品种，国内外厂家竞相投入精力开发，2013 年含嘧菌酯的登记产品数量即达 142 个，目前已逾 537 个。

使用技术　本品单剂登记作物和防治对象颇多。以 50％嘧菌酯悬浮剂为例介绍其登记情况，见表 3-27。

表 3-27　50％嘧菌酯悬浮剂登记情况

登记作物	防治对象	制剂用药量	施用方法
大豆	锈病	40～60mL/亩	喷雾
冬瓜	炭疽病	48～90g/亩	喷雾
冬瓜	霜霉病	48～90g/亩	喷雾
番茄	叶霉病	60～90mL/亩	喷雾
番茄	早疫病	24～32mL/亩	喷雾
番茄	晚疫病	60～90mL/亩	喷雾
柑橘	疮痂病	800～1200 倍液	喷雾
柑橘	炭疽病	800～1200 倍液	喷雾
花椰菜	霜霉病	40～72g/亩	喷雾
黄瓜	蔓枯病	60～90g/亩	喷雾
黄瓜	白粉病	60～90g/亩	喷雾
黄瓜	霜霉病	32～48mL/亩	喷雾
黄瓜	黑星病	60～90g/亩	喷雾
菊科和蔷薇科观赏花卉	白粉病	1000～2500 倍液	喷雾
辣椒	炭疽病	32～48mL/亩	喷雾
辣椒	疫病	40～72g/亩	喷雾
荔枝	霜疫霉病	1200～1700 倍液	喷雾
马铃薯	晚疫病	15～20g/亩	喷雾
马铃薯	黑痣病	36～60g/亩	播种时喷雾沟施
马铃薯	早疫病	30～50mL/亩	喷雾
芒果	炭疽病	1200～1700 倍液	喷雾
葡萄	黑痘病	800～1200 倍液	喷雾
葡萄	霜霉病	700～1400 倍液	喷雾
葡萄	白腐病	800～1200 倍液	喷雾
人参	黑斑病	40～60mL/亩	喷雾
丝瓜	霜霉病	48～90g/亩	喷雾
西瓜	炭疽病	800～1600 倍液	喷雾
香蕉	叶斑病	1000～1500 倍液	喷雾
草坪	枯萎病	26.7～53.3g/亩	喷雾
草坪	褐斑病	26.7～53.3g/亩	喷雾

混用技术　已登记混剂组合逾 18 个，例如嘧菌酯·苯醚甲环唑、嘧菌酯·丙环唑、嘧菌酯·戊唑醇、嘧菌酯·己唑醇、嘧菌酯·烯酰吗啉、嘧菌酯·霜霉威、嘧菌酯·精甲霜灵、嘧菌酯·氨基寡糖素、嘧菌酯·咪鲜胺、嘧菌酯·腐霉利、嘧菌酯·霜脲氰、嘧菌酯·氟酰胺、嘧菌酯·噻唑锌、嘧菌酯·丙森锌、嘧菌酯·多菌灵、嘧菌酯·百菌清、嘧菌酯·精甲霜灵·咯菌腈、嘧菌酯·甲基硫菌灵·甲霜灵。

嘧霉胺 (pyrimethanil)

其他名称施佳乐、菌萨等。本品属于内吸性杀菌剂，还具有熏蒸作用。适用于番茄、黄瓜、韭菜、草莓、葡萄、苹果、梨等。单剂规格 12.5% 乳油，20%、40% 悬浮剂，20%、25%、40% 可湿性粉剂，70%、80% 水分散粒剂。首家登记证号 LS98043。目前尚无混剂获准登记。

以 40% 悬浮剂为例，用于番茄防治灰霉病，每亩用 63～94mL；用于黄瓜防治灰霉病，每亩用 63～94mL；用于葡萄防治灰霉病，稀释 1000～1500 倍液；参 PD20060014。

灭菌丹 (folpet)

单剂规格 80% 可湿性粉剂，登记用于木材防治霉菌，稀释200～400 倍液，施用方法为木材浸泡；参 WP20160075。

灭菌唑 (triticonazole)

其他名称扑力猛、爱丽欧等。单剂规格 2.5%、28% 悬浮种衣剂。2.5% 悬浮种衣剂登记用于小麦，防治散黑穗病、腥黑穗病，制剂用药量为 100～200mL/100kg 种子；参 PD20070366。28% 悬浮种衣剂登记用于玉米，防治丝黑穗病，1:（500～1000）（药种比）；参 PD20130400。

已登记混剂如 11% 吡唑嘧菌酯·灭菌唑种子处理悬浮剂

$(3.7\%+7.3\%)$。

灭锈胺（mepronil）

其他名称纹达克等。登记用于水稻、棉花、黄瓜等作物，防治水稻纹枯病、棉花立枯病、黄瓜立枯病等。单剂规格 20％悬浮剂，20％乳油，75％可湿性粉剂。首家登记证号 PD87012。

柠檬酸铜（copper citrate）

已登记混剂如 25.9％络氨铜·硫酸四氨络合锌·柠檬酸铜水剂，其他名称抗枯灵，登记用于防治西瓜枯萎病；参 LS981137。

氰霜唑（cyazofamid）

其他名称科佳等。10％、20％悬浮剂，25％可湿性粉剂。首家登记证号 LS200164。已登记原药、单剂、混剂产品逾 59 个。为确保药效，必须在发病前或发病初期使用。施药间隔期 7～10d，每季作物使用 3～4 次。以 10％氰霜唑悬浮剂为例介绍其登记情况，见表 3-28。

表 3-28　10％氰霜唑悬浮剂登记情况

作物（或范围）	防治对象	制剂用药量	使用方法
番茄	晚疫病	53～67mL/亩	喷雾
黄瓜	霜霉病	53～67mL/亩	喷雾
荔枝树	霜疫霉病	2000～2500 倍液	喷雾
马铃薯	晚疫病	32～40mL/亩	喷雾
葡萄	霜霉病	2000～2500 倍液	喷雾
西瓜	疫病	53～67mL/亩	喷雾

氰烯菌酯

单剂规格 25％悬浮剂。首家登记证号 LS20072657。登记用于防治小麦赤霉病，每亩用 100～200mL 喷雾；防治水稻恶苗病，稀释 2000～3000 倍液浸种。已登记混剂组合有氰烯·苯醚甲、氰烯·戊唑醇、氰烯·己唑醇、氰烯·杀螟丹。

壬菌铜 (cuppric nonyl phenolsulfonate)

其他名称金莱克。单剂规格 30％ 微乳剂。首家登记证号 LS20011588。登记用于黄瓜防治霜霉病，每亩用 120～150mL。

噻呋酰胺 (thifluzamide)

其他名称　满穗、噻氟酰胺等。

产品特点　本品属于内吸性杀菌剂（具有很强的内吸传导性），具有保护、治疗作用。植物根部和叶片均可迅速吸收，再经木质部和质外体传导至整个植株。

单剂规格　4％展膜油剂，24％、30％、35％、40％悬浮剂，40％、50％水分散粒剂。首家登记证号 PD240-98。本品已登记产品逾 147 个。

使用技术　作茎叶处理或土壤处理。

（1）水稻　防治纹枯病，每亩用 13～23mL。在水稻抽穗前 20d 或发病初期施药，一般亩用 20mL 兑 30kg 水后搅拌均匀常规喷雾，施药 1 次。纹枯病发生严重时，适当提高亩用药量至 22.5mL，兑水 45kg，或在穗期再施药 1 次。

（2）花生　防治白绢病，每亩用 45～60mL。

（3）马铃薯　防治黑痣病，每亩用 70～120mL，兑水 30L，于马铃薯覆土前喷洒于垄沟内的种薯及周围的土壤上，喷后合垄。

混用技术　已登记混剂产品逾 59 个，与其配伍的成分有己唑醇、戊唑醇、氟环唑、苯醚甲环唑、嘧菌酯、醚菌酯、吡唑醚菌酯、咪鲜胺、三环唑、甲基硫菌灵、井冈霉素、嘧啶核苷类抗生素、噻森铜、噻虫嗪、呋虫胺等。

噻菌灵 (thiabendazole)

其他名称特克多等。本品属于内吸性杀菌剂，具有保护、治疗作用。单剂规格 15％、45％悬浮剂，40％可湿性粉剂，60％水分散粒剂。已登记原药、单剂、混剂产品逾 39 个。首家登记证号 PD30-87。

以 500g/L 悬浮剂为例，用于柑橘防治青霉病、绿霉病，稀释 400～600 倍液，浸果 1min；用于香蕉防治冠腐病，稀释 667～100 倍液，浸果 1min；用于蘑菇防治褐腐病，1∶（1250～2500）（药料比）拌料或 0.5～0.75g/m² 喷雾；参 PD20070316。

可与喹啉铜、精甲霜灵、咯菌腈等混用。

噻菌铜 （thiodiazole copper）

其他名称龙克菌等。本品属于内吸性杀菌剂，具有保护、治疗作用。能有效防治作物真菌、细菌病害。单剂规格 20％悬浮剂。

登记用于防治水稻白叶枯病，每亩用 100～130g；防治水稻细菌性条斑病，每亩用 125～160g；防治西瓜枯萎病，每亩用 75～100g；防治黄瓜角斑病，每亩用 83.3～166.6g；防治大白菜软腐病，每亩用 75～100g；防治烟草野火病，每亩用 100～130g；防治烟草青枯病，稀释 300～700 倍液；防治柑橘疮痂病，稀释 300～500 倍液；防治柑橘溃疡病，稀释 300～700 倍液；防治兰花软腐病，稀释 300～500 倍液；防治棉花苗期立枯病，1000～1500g/100kg 种子；参 PD20086024。

噻霉酮 （benziothiazolinone）

其他名称菌立灭等。可防治苹果腐烂病、黄瓜霜霉病、黄瓜细菌性角斑病等多种真菌、细菌病害。单剂规格 1.5％水乳剂，1.6％涂抹剂，3％微乳剂，3％水分散粒剂，3％可湿性粉剂，5％悬浮剂。首家登记证号 LS2000309。以 1.5％水乳剂为例，登记用于防治小麦赤霉病，每亩用 40～50mL；防治黄瓜霜霉病，每亩用 116～175mL；防治苹果轮纹病，稀释 600～750 倍液；防治梨树黑星病，稀释 800～1000 倍液；参 PD20086023。

噻森铜

其他名称罗东等。防治多种细菌病害。单剂规格 20％、30％悬浮剂，其登记情况见表 3-29。可与戊唑醇、噻呋酰胺等混用。

表 3-29　噻森铜两种悬浮剂登记情况

作物(或范围)	防治对象	制剂用药量	使用方法	产品规格
大白菜	软腐病	100～135mL/亩	喷雾	30％悬浮剂
番茄	青枯病	67～107mL/亩	灌根或茎基部喷雾	
柑橘树	溃疡病	750～1000 倍液	喷雾	
水稻	白叶枯病	70～85mL/亩	喷雾	
水稻	细条病	70～85mL/亩	喷雾	
西瓜	细菌性角斑病	67～107mL/亩	喷雾	
烟草	野火病	60～80mL/亩	喷雾	
大白菜	软腐病	120～200mL/亩	喷雾	20％悬浮剂
番茄	青枯病	300～500 倍液	灌根或茎基部喷雾	
柑橘树	溃疡病	300～500 倍液	喷雾	
水稻	白叶枯病	100～125mL/亩	喷雾	
水稻	细条病	100～125mL/亩	喷雾	
西瓜	角斑病	100～160mL/亩	喷雾	
烟草	野火病	100～160mL/亩	喷雾	

噻唑菌胺 （ethaboxam）

其他名称韩乐宁。单剂规格 12.5％可湿性粉剂。登记用于防治黄瓜霜霉病、辣椒疫病，每亩用 75～100g；参 LS20030787。

噻唑锌

其他名称碧生、碧多、碧火等。本品属于内吸性杀菌剂，具有保护、治疗作用。单剂规格 20％、30％、40％悬浮剂。登记用于防治水稻细菌性条斑病，每亩用 20％悬浮剂 100～125mL 或 30％悬浮剂 67～100mL；防治黄瓜（保护地）细菌性角斑病，每亩用 20％悬浮剂 100～150mL 或 30％悬浮剂 83～100mL；防治柑橘溃疡病，20％悬浮剂稀释 300～500 倍液或 30％悬浮剂稀释 500～750 倍液。

40％悬浮剂还登记用于防治烟草野火病，每亩用 60～85mL；防治桃树细菌性穿孔病，稀释 600～1000 倍液；防治芋头软腐病，稀释 600～800 倍液。

已登记混剂组合如戊唑醇·噻唑锌、嘧酯·噻唑锌、春雷·噻唑锌。

三苯基氢氧化锡 （fentin hydroxide）

单剂规格 50％水剂。登记用于防治马铃薯晚疫病，每亩用 100～125g；参 LS20061873。

三苯基乙酸锡 （fentin acetate）

其他名称百螺敌等。单剂规格 20％、25％、45％可湿性粉剂。登记用于防治甜菜褐斑病，每亩用 45％可湿性粉剂 60～67g；参 PD20110299。还曾登记用于防治水稻稻瘟病、稻曲病等。已登记混剂组合如苯乙锡·井、苯乙锡·锰锌。

三环唑 （tricyclazole）

其他名称比艳、稻艳、丰登、丰凌、平瘟乐等。本品属于内吸性杀菌剂，具有保护作用。能迅速被水稻根、茎、叶吸收，并输送到植株各部。抗雨水冲刷力强，药后 1h 遇雨不需补喷。单剂规格 20％、75％可湿性粉剂，20％、30％、35％、40％悬浮剂，75％水分散粒剂。已登记原药、单剂、混剂产品逾 453 个。首家登记证号 PD6-85。

以 75％可湿性粉剂为例，用于水稻防治稻瘟病，每亩用 20～27g；参 PD6-85 和 PD20060090。

以 35％悬浮剂为例，用于水稻防治稻瘟病，每亩用 43～57mL；参 PD20120490。

以 20％可湿性粉剂为例，用于水稻防治稻瘟病，每亩用 75～100g；参 PD21-86 和 PDN23-92。

可与硫黄、异稻瘟净、氟环唑、咪鲜胺、春雷霉素等混用。

三氯异氰尿酸（trichloroisocyanuric acid）

本品含有次氯酸分子，次氯酸分子不带电荷，其扩散穿透细胞膜的能力较强，可使病原菌迅速死亡。单剂规格 36％、40％、42％、50％可湿性粉剂，85％可溶粉剂。36％可湿性粉剂登记用于防治棉花枯萎病、黄萎病，每亩用 80～100g；防治棉花立枯病、炭疽病，每亩用 100～167g；防治水稻稻瘟病，每亩用 50～60g；防治纹枯病、白叶枯病、细菌性条斑病，每亩用 60～90g；参 PD20094378。

42％可湿性粉剂登记用于防治烟草赤星病、青枯病，每亩用 30～50g；防治辣椒炭疽病，每亩用 83～125g；参 PD20095210。

85％可溶粉剂登记用于防治棉花枯萎病，每亩用 34～42g。

三乙膦酸铝（fosetyl-aluminium）

其他名称　乙磷铝、疫霜灵、疫霉灵等。

产品特点　本品属于内吸性杀菌剂，具有保护、治疗作用。在植物体内能上下传导。

适用范围　蔬菜（叶菜、果菜、球茎类蔬菜、番茄、瓜类）、水稻、棉花、烟草、橡胶、胡椒等。

防治对象　对霜霉属、疫霉属等卵菌引起的病害防效好。

单剂规格　40％、80％可湿性粉剂，80％水分散粒剂，90％可溶粉剂。首家登记证号 PD86106。已登记原药、单剂、混剂产品逾277 个。

混用技术　可与代森锰锌、琥胶肥酸铜、甲霜灵、氟吗啉、烯酰吗啉等混用，已登记混剂产品逾 182 个。

三唑醇（triadimenol）

其他名称百坦、羟锈宁等。单剂规格 1.5％悬浮种衣剂，15％、

25%干拌剂，15%、25%可湿性粉剂，25%乳油。首家登记证号 PD45-87。登记用于防治小麦纹枯病、白粉病、锈病，玉米丝黑穗病，香蕉叶斑病等。已登记混剂组合如井冈·三唑醇、甲柳·三唑醇。

三唑酮 (triadimefon)

其他名称百理通、粉锈宁、粉锈通等。本品属于内吸性杀菌剂（还有熏蒸作用），具有保护、治疗、铲除作用。对菌丝的活性比对孢子强。对某些病菌在活体中活性很强，但离体效果很差。防治小麦白粉病、锈病等。单剂规格 8%悬浮剂，15%水乳剂，15%烟雾剂，10%、20%乳油，8%、15%、25%可湿性粉剂。首家登记证号 LS83063。可与硫黄、多菌灵、腈菌唑、代森锰锌等混用，已登记混剂逾 312 个。

十二烷基苄基二甲基氯化铵 (toshin)

其他名称碧康等。单剂规格 10%水剂。登记用于防治苹果斑点落叶病，稀释 600~800 倍液；参 LS2001603。

十三吗啉 (tridemorph)

产品特点 本品属于内吸性杀菌剂，具有保护、治疗作用。能被植物的根、茎、叶吸收。

适用范围 橡胶、小麦、大麦、黄瓜、马铃薯、豌豆、香蕉、茶树等。

单剂规格 75%乳油，86%油剂。已登记产品逾 21 个（目前尚无混剂获准登记）。

使用技术 用于橡胶，防治红根病，75%乳油制剂用药量为20~30mL，施用方法为灌淋；参 PD135-91。

双苯三唑醇

其他名称百科、双苯唑菌醇等。登记用于花生等作物。单剂规格 30%乳油。首家登记证号 PD87002。

双胍三辛烷基苯磺酸盐 ［iminoctadine tris（albesilate）］

其他名称百可得、双胍辛烷苯基磺酸盐等。本品属于触杀性杀菌剂，具有保护作用。主要对真菌类脂化合物的生物合成和细胞膜机能起作用，抑制孢子萌发、芽管伸长、附着胞和菌丝的形成。单剂规格 40%可湿性粉剂。首家登记证号 LS95005。

用于防治柑橘贮藏期病害，稀释 1000～2000 倍液浸果；防治黄瓜白粉病，稀释 1000～2000 倍液喷雾；防治芦笋茎枯病，稀释 800～1000 倍液喷雾；防治苹果斑点落叶病，稀释 800～1000 倍液喷雾；防治西瓜蔓枯病，稀释 800～1000 倍液喷雾；防治番茄灰霉病，每亩用 30～50g 喷雾；防治葡萄灰霉病，每亩用 30～50g 喷雾；参 PD374-2001。

可与己唑醇、咪鲜胺、吡唑醚菌酯等混用。

双胍辛胺

其他名称谷种定、派克定、培福朗等。单剂规格 3% 糊剂，25%水剂，参 LS87019、LS87031。用于防治小麦网腥黑穗病，柑橘青霉病、绿霉病，苹果腐烂病等。

双炔酰菌胺（mandipropamid）

商标名称瑞凡等。单剂规格 23.4%悬浮剂。登记用于防治马铃薯晚疫病，每亩用 20～40mL；防治番茄晚疫病、辣椒疫病、西瓜疫病，每亩用 30～40mL；防治荔枝树霜疫霉病，稀释 1000～2000 倍液；防治葡萄霜霉病，稀释 1500～2000 倍液。已登记混剂组合如双炔·百菌清。

霜霉威

原药含量98%。制剂通常采用其盐酸盐。

霜霉威盐酸盐 （propamocarb hydrochloride）

其他名称普力克等。本品属于内吸性杀菌剂，具有保护、治疗作用。植物根部和叶片均可迅速吸收。原药含量 95%。单剂规格 35%、66.5%、722g/L 水剂。首家登记证号 LS90025。

以 722g/L 水剂为例，用于黄瓜防治猝倒病、疫病，制剂用药量为 5～8mL/m² 苗床浇灌，防治霜霉病，每亩用 60～100mL/亩喷雾；用于甜椒防治疫病，每亩用 72～107mL 喷雾；参 PD225-97。

可与甲霜灵、氟吡菌胺、苯醚甲环唑等混用，已登记混剂逾 22 个。

霜脲氰 （cymoxanil）

单剂规格 20% 可湿性粉剂。登记用于防治葡萄霜霉病，稀释 2000～2500 倍液；参 LS20170163。可与代森锰锌、百菌清、乙霉威、噁唑菌酮等混用，已登记单剂逾 223 个，如 72% 霜脲·锰锌可湿性粉剂（8%＋64%），商标名称克露；52.5% 噁酮·霜脲氰水分散粒剂（22.5%＋30%），商标名称抑快净。

水杨菌胺

单剂规格 5%、15% 可湿性粉剂。登记用于防治西瓜枯萎病，5% 可湿性粉剂稀释 300～500 倍液；每株灌药液 500mL 左右，可连用 2～3 次，间隔 10～15d 用药一次，具体施药次数视病情而定；参 LS20053628。

水杨酸 （salicylic acid）

已登记混剂如 75% 多菌灵·水杨酸可湿性粉剂，防治小麦赤霉病；参 LS98723。又如 20% 苯甲酸·水杨酸·三唑酮乳油，防治苹果黑星病、斑点落叶病；参 LS95350。

四氟醚唑 （tetraconazole）

其他名称朵麦可、意莎可等。本品属于内吸性杀菌剂。单剂规格 4％、12.5％、25％水乳剂。已登记原药、单剂、混剂产品逾 19 个。4％水乳剂登记用于防治草莓白粉病，每亩用 50～83g；防治甜瓜、黄瓜白粉病，每亩用 67～100g；参 PD20070130。已登记混剂组合如四氟·嘧菌酯。

四氯苯酞 （fthalide）

其他名称稻瘟酞、热必斯等。登记用于水稻等作物。单剂规格 50％可湿性粉剂。首家登记证号 PD8-85。可与春雷霉素等混用。

松脂酸铜 （copper abietate）

其他名称天地铜等。单剂规格 12％、16％、18％、20％、23％、30％乳油，20％悬浮剂，20％水乳剂，20％可湿性粉剂等。已登记原药、单剂、混剂产品逾 37 个。登记用于防治白菜霜霉病、黄瓜细菌性角斑病、柑橘溃疡病等。已登记混剂如 18％松脂酸铜·咪鲜胺乳油（15％＋3％）。

烃基二甲基氯化铵 （alkyl dimethyl ammonium chloride）

其他名称菌普克等。单剂规格 5％水剂。登记用于防治苹果黑星病，稀释 500～700 倍液；参 LS200891。

土菌灵 （etridiazole）

目前仅有原药登记，且专供出口，不得在国内销售；参 PD20142266。

萎锈灵 （carboxin）

其他名称 溶敌秀等。

产品特点　本品属于内吸性杀菌剂。能渗入植物病灶而杀死病菌。

适用范围　麦类、谷子、高粱、玉米、棉花等。

防治对象　玉米丝黑穗病、麦类黑穗病、麦类锈病、高粱黑穗病、谷子黑穗病、棉花黄萎病等。

单剂规格　12%可湿性粉剂，20%乳油。首家登记证号PD84120。

使用技术　常作种子处理，也可采取灌根等方法作土壤处理。登记用于小麦，防治锈病，每亩用12%可湿性粉剂45～60g；参PD20160289。每季最多使用3次，施药间隔7～10d；安全间隔期21d。

混用技术　已登记混剂逾29个，混剂组合如萎锈灵＋福美双、萎锈灵＋三唑酮、萎锈灵＋福美双＋吡虫啉、萎锈灵＋吡唑醚菌酯＋噻虫嗪。

肟菌酯（trifloxystrobin）

单剂尚无产品获准登记。已登记混剂组合有75%肟菌酯·戊唑醇水分散粒剂（商标名称拿敌稳）、肟菌酯·氟吡菌酰胺。

五氯酚（PCP）

登记用于木材防腐。原粉首家登记证号PD85149。

五氯硝基苯（quintozene）

本品无内吸性，具有保护作用。登记用于棉花、小麦、马铃薯、茄子等作物。对丝核菌引起的病害有较好防效，对甘蓝根肿病、多种作物白绢病等也有效。单剂规格15%悬浮种衣剂，40%种子处理干粉剂，40%粉剂。首家登记证号PD85114。已登记原药、单剂、混剂产品逾50个。作种子处理或作土壤处理。可与多菌灵、福美双、辛硫磷等混用。

戊菌隆 （pencycuron）

已登记混剂 47%福美双·戊菌隆可湿性粉剂 （32%＋15%），防治棉花立枯病、炭疽病；参 LS97007。

戊菌唑 （penconazole）

本品属于内吸性杀菌剂，具有保护、治疗作用。单剂规格 10%乳油，10%、20%、25%水乳剂。10%乳油登记用于防治葡萄白腐病，稀释 2500～5000 倍液。还登记防治葡萄、西瓜白粉病等。

戊唑醇 （tebuconazole）

其他名称立克秀、好力克、富力库等。本品属于内吸性杀菌剂，具有保护、治疗作用。单剂规格 0.2%、2%、5%、6%悬浮种衣剂，2%干粉种衣剂，2%湿拌种剂，12.5%、25%水乳剂，25%乳油，25%、80%可湿性粉剂，30%、43%悬浮剂，80%水分散粒剂等。已登记原药、单剂、混剂产品逾 748 个。可与肟菌酯等多种成分混用。

43%悬浮剂登记用于防治水稻稻曲病，每亩用 10～15mL；防治黄瓜白粉病，每亩用 15～18mL；防治大白菜黑斑病，每亩用 19～23mL；防治梨树黑星病，稀释 3000～4000 倍液；防治苹果轮纹病，稀释 3000～4000 倍液；防治苹果斑点落叶病，稀释 5000～7000 倍液；参 PD20050216。

烯丙苯噻唑 （oryzaemate）

其他名称好米得、烯丙异噻唑等。本品为诱导免疫型杀菌剂，通过激发植物本身对病害的免疫（抗性）反应来实现防病效果，本剂通过植物根部吸收，并较迅速地渗透传导至植物体各部分。单剂规格 8%、24%颗粒剂。用于育秧盘时，需先施药后灌水，处理苗移栽本田后，保水 （3～5cm 水深）秧苗返青。在本田使用时，防治叶瘟的用药适期是发病初期 7～10d，防治穗瘟的用药适期是出穗前3～4 周；要在浅水条件（3～5cm 水深）下均匀撒施，并保水 45d。

沙质田、漏水田和多施未腐熟有机肥田不要使用。本品需要在壮苗上使用。预测会有持续低温，栽插秧苗返青迟缓时，请不要使用。不要与敌稗同时使用以防发生药害。

烯肟菌胺

其他名称 高扑等。

单剂规格 5％乳油。单剂首家登记证号 LS20041761。

使用技术 单剂登记用于黄瓜（温棚），防治白粉病；用于小麦，防治白粉病。

混用技术 已登记混剂组合如烯肟菌胺·戊唑醇。

烯肟菌酯 （enostroburin）

其他名称 佳思奇等。

单剂规格 25％乳油。单剂首家登记证号 LS20021761。

使用技术 单剂登记用于黄瓜，防治霜霉病。

混用技术 已登记混剂组合如烯肟菌酯·多菌灵、烯肟菌酯·氟环唑、烯肟菌酯·霜脲氰。

烯酰吗啉 （dimethomorph）

其他名称安克、阿克白等。单剂规格 10％微乳剂，20％、40％悬浮剂，25％、50％可湿性粉剂，40％、50％、80％水分散粒剂。已登记原药、单剂产品逾 212 个。50％可湿性粉剂登记用于防治烟草黑胫病，每亩用 27～40g；防治黄瓜霜霉病、辣椒疫病，每亩用 30～40g；参 PD20070342。可与代森锰锌、代森联、嘧菌酯、吡唑醚菌酯、咪鲜胺等混用，已登记混剂逾 194 个。

烯唑醇 （diniconazole）

本品属于内吸性杀菌剂，具有保护、治疗作用。单剂规格 5％微乳剂，10％乳油，12.5％可湿性粉剂，30％悬浮剂，50％水分散粒剂。可与多菌灵等混用，已登记混剂逾 66 个。

R-烯唑醇 （diniconazole-M）

其他名称　速保利、剑力康、克必清等。

产品特点　本品属于内吸性杀菌剂，具有保护、治疗作用。

单剂规格　2％、12.5％可湿性粉剂，5％种子处理干粉剂。首家登记证号 LS88026。

使用技术　作种子处理或作茎叶处理。

2％可湿性粉剂，登记用于防治小麦黑穗病，1：（400～500）（药种比）拌种；参 PD208-96。

12.5％可湿性粉剂，登记用于防治玉米丝黑穗病，1：（156～208）（药种比）拌种；防治梨树黑星病，稀释 3000～4000 倍液；参 PD158-92。

5％种子处理干粉剂，登记用于防治玉米丝黑穗病，1：（56～83）（药种比）拌种；防治高粱丝黑穗病 1：（250～333）（药种比）干拌；参 PD183-93。

混用技术　已登记混剂如 47％ R-烯唑醇·甲基硫菌灵可湿性粉剂（5％＋42％）、27％ R-烯唑醇·多菌灵可湿性粉剂（2％＋25％）。

硝苯菌酯 （meptyldinocap）

已登记单剂规格如 36％ 乳油。单剂首家登记证号 LS20130219。单剂登记用于黄瓜，防治白粉病。

硝基腐植酸铜 （nitrohumic acid + copper sulfate）

其他名称菌必克等。单剂规格 30％可湿性粉剂。登记用于防治黄瓜细菌性角斑病，每亩用 250～333g；参 LS90351。

缬霉威（iprovalicarb）

已登记混剂如 66.8％丙森锌·缬霉威可湿性粉剂（61.3％＋5.5％）。防治黄瓜霜霉病，每亩用 100～133g；防治葡萄霜霉病，稀释 700～1000 倍液；参 PD20050200。

辛菌胺

化学名称二正辛基二乙烯三胺。本品属于氨基酸类高分子聚合物，为内吸性、渗透性杀菌剂。母药含量 30％、40％。

辛菌胺醋酸盐

本品属于氨基酸类高分子聚合物，为内吸性、渗透性杀菌剂。药液喷到植物和病菌表面，形成均匀致密的保护膜，通过破坏病原体的细胞膜、凝固蛋白、阻止呼吸和酶活动等方式达到杀菌（杀病毒）的效果。对多种真菌、细菌、病毒病害有显著的杀灭和抑制作用。单剂规格 1.2％、1.8％、5％、8％、20％水剂，3％可湿性粉剂。

1.8％水剂用于防治水稻稻瘟病、水稻黑条矮缩病，每亩用 80～100mL；防治苹果树腐烂病，稀释 50～100 倍液；防治棉花枯萎病，稀释 300 倍液；防治辣椒病毒病，稀释 400～600 倍液；参 PD20101188。于发病前或发病初期使用效果最佳。在苹果树春秋两季果树修剪时、果树发芽前和落叶后用药液喷涂枝干，可有效阻止病菌侵入。治疗苹果树枝干病害时不用刮树皮，先把病疤用小刀划成网状结构，然后用 10～20 倍液均匀涂抹或喷雾。每隔 7d 喷一次，连用 2 次效果最佳。

可与霜霉威盐酸盐、盐酸吗啉胍等混用。

溴菌腈（bromothalonil）

其他名称炭特灵等。单剂规格 25％可湿性粉剂，25％乳油，

25％微乳剂。首家登记证号 LS94801。本品属于内吸性杀菌剂，具有独特的保护、治疗和铲除作用。本品是一种广谱、低毒的防腐、防霉、灭藻杀菌剂，能抑制和杀死细菌、真菌、藻类，适用于纺织、皮革防腐、防霉和工业用水灭藻，对农作物病害特别是炭疽病有较好的防治效果。

25％可湿性粉剂登记用于苹果防治炭疽病，稀释 1200～2000 倍液。

25％微乳剂登记用于柑橘防治疮痂病，稀释 1500～2500 倍液。

可与多菌灵、咪鲜胺、春雷霉素、福美锌、壬菌铜、五氯硝基苯等混用，已登记混剂逾 23 个。

溴硝醇 (bronopol)

单剂规格 20％可湿性粉剂。登记用于水稻防治恶苗病，稀释 200～250 倍液浸种；参 LS92365 和 LS93399。

亚胺唑 (imibenconazole)

其他名称霉能灵、花秀美等。单剂规格 5％、15％可湿性粉剂。首家登记证号 LS94013。

以 5％可湿性粉剂为例，登记用于防治苹果树斑点落叶病，稀释 600～700 倍液；防治葡萄黑痘病，稀释 600～800 倍液；防治青梅黑星病，稀释 600～800 倍液；防治柑橘疮痂病，稀释 600～900 倍液；防治梨树黑星病，稀释 1000～1163 倍液。

以 15％可湿性粉剂为例，登记用于防治梨树黑星病，稀释 3000～3500 倍液。

盐酸吗啉胍 (moroxydine hydrochloride)

单剂规格 5％可溶粉剂，20％、80％可湿性粉剂，80％水分散粒剂。稀释后的药液喷施到植物表面后，药剂可通过气孔进入植物体内，通过抑制或破坏核酸和脂蛋白的形成，阻止病毒的复制过程，起到防治病毒的作用。

20％可湿性粉剂登记用于番茄防治病毒病，于发病前或发病初期施药，连喷 3～4 次效果最佳（施药间隔 7～10d），每亩用 200～400g；用于烟草防治病毒病，每亩用 160～200g；参 PD20095556。

可与辛菌胺、辛菌胺醋酸盐、琥胶肥酸铜等混用，已登记混剂逾 137 个，如 20％盐酸吗啉胍·乙酸铜可湿性粉剂（10％＋10％）。

叶枯净 （phenazine oxide）

其他名称杀枯净、惠农精、5-氧吩嗪等。登记用于水稻防治白叶枯病。单剂规格 10％可湿性粉剂。首家登记证号 PD86144。

叶枯灵

其他名称渝-7802 等。登记用于水稻防治白叶枯病。单剂规格 25％可湿性粉剂。首家登记证号 PD87328。

叶枯唑 （bismerthiazol）

其他名称噻枯唑、叶枯宁、叶青双、川化-018 等。登记用于水稻防治白叶枯病等。单剂规格 20％、25％可湿性粉剂。首家登记证号 PD85144。已登记原药、单剂、混剂产品逾 54 个。可与克菌壮、氢氧化铜等混用。

乙霉威 （diethofencarb）

目前尚无单剂获准登记。可与多菌灵、甲基硫菌灵、百菌清、嘧霉胺等混用，已登记混剂逾 154 个。

乙嘧酚 （ethirimol）

本品属于内吸性杀菌剂。作物吸收后能向新叶传导。单剂规格

25%悬浮剂。登记用于防治黄瓜白粉病，每亩用 60～100mL；参 PD20142057。可与啶酰菌胺、醚菌酯、吡唑醚菌酯、苯醚甲环唑、甲基硫菌灵等混用。

乙嘧酚磺酸酯（bupirimate）

单剂规格 25%微乳剂。登记用于防治黄瓜、葡萄白粉病等。

乙酸铜（copper acetate）

单剂规格 10%颗粒剂，20%可湿性粉剂。已登记原药、单剂、混剂产品逾 129 个。20%可湿性粉剂登记用于防治黄瓜苗期猝倒病等，每亩用 1000～1500g；参 PD20096933。可与盐酸吗啉胍、三乙膦酸铝等混用。

乙蒜素（ethylicin）

其他名称抗菌剂 402 等。是大蒜素的乙基同系物。登记用于棉花、水稻、甘薯、大豆、苹果、油菜等作物。单剂规格 15%、30%可湿性粉剂，20%、30%、41%、80%乳油。首家登记证号 PD85160。已登记原药、单剂、混剂产品逾 59 个。可与三唑酮、噁霉灵、氨基寡糖素、杀螟丹等混用。

乙烯菌核利（vinclozolin）

其他名称农利灵等。登记用于番茄、黄瓜，防治灰霉病，每亩用 50%水分散粒剂 75～100g；参 LS98056 和 PD20070355。

异稻瘟净（iprobenfos）

登记用于水稻等作物。单剂规格 40%、50%乳油。首家登记证号 PD85119。已登记原药、单剂、混剂产品逾 107 个。可与三环唑、稻瘟灵、硫黄等混用，已登记混剂产品逾 87 个。

异菌脲（iprodione）

其他名称扑海因等。单剂规格 23.5%、50% 悬浮剂，50% 可湿性粉剂。已登记原药、单剂、混剂产品逾 175 个。可与嘧霉胺、啶酰菌胺、咪鲜胺、戊唑醇等混用，已登记混剂逾 65 个。

抑霉唑（imazalil）

其他名称仙亮、万利得、戴挫霉、戴寇唑等。单剂规格 0.1% 涂抹剂，20%、30% 水乳剂，50%、75% 可溶粒剂，22.2%、47.2%、50% 乳油等。首家登记证号 LS93002。

以 0.1% 涂抹剂为例，用于柑橘防治青霉病、绿霉病，制剂用药量为 2～3L/1000kg 柑橘，涂果；参 PD20080981。

以 22.2% 乳油，用于柑橘防治青霉病、绿霉病，稀释 450～900 倍液浸果；参 PD300-99。

以 500g/L 乳油，用于柑橘防治青霉病、绿霉病，稀释 1000～2000 倍液浸果；参 PD20095905。

吲唑磺菌胺（amisulbrom）

其他名称 双美清等。

产品特点 本品属于保护性杀菌剂。

单剂规格 18% 悬浮剂，50% 水分散粒剂。首家登记证号 LS20160085。

使用技术 于病害发生前期或初期开始使用。每季最多使用 3 次，安全间隔期 7d。

（1）黄瓜 防治霜霉病，每亩用 18% 悬浮剂 20～27mL。

（2）马铃薯 防治晚疫病，每亩用 18% 悬浮剂 13～27mL。

（3）水稻 防治苗期立枯病，在播种时覆土前施药，用药量为 50% 水分散粒剂 0.5～1.5g/m²，施药方法为苗床浇灌。每季最多使用 1 次。

（4）烟草 防治黑胫病，50% 水分散粒剂稀释 250 倍液苗期喷淋；或者移栽前及移栽后黑胫病即将发病或零星发病初期施药，每亩用50％水分散粒剂10～14g，兑水喷雾。每季最多使用3次，施药间隔7～10d；安全间隔期7d。

种菌唑 （ipconazole）

目前尚无单剂获准登记。已登记混剂组合有甲霜·种菌唑、甲·菱·种菌唑。

唑胺菌酯 （pyrametostrobin）

已取得中国专利，参 CN200510046515.6。已登记单剂如20％悬浮剂。单剂首家登记证号 LS20110249。单剂登记用于黄瓜，防治白粉病。

唑菌酯 （pyraoxystrobin）

2007年3月21日取得中国发明专利，参 ZL200410021172.3。已登记单剂如20％悬浮剂。单剂首家登记证号 LS20091071。已登记混剂组合如唑菌酯·氟吗啉。单剂登记用于黄瓜，防治霜霉病。

唑嘧菌胺 （initium）

已登记混剂如47％烯酰吗啉·唑嘧菌胺悬浮剂（20％＋27％）；防治番茄晚疫病、马铃薯晚疫病、辣椒疫病、黄瓜霜霉病、葡萄霜霉病；参 PD20142264PD20170168。

第五节 微生物源/活体型生物杀菌剂品种 ›››

目前用来开发成微生物源/活体型生物杀菌剂的微生物有真菌、细菌等2大类群。已经获准登记的微生物源/活体型生物杀菌剂逾18种，其中真菌杀菌剂逾6种（寡雄腐霉菌、哈茨木霉菌、木霉菌、噬菌核霉、盾壳霉 ZS-1SB、小盾壳霉 GMCC8325）、细菌杀菌剂逾 12 种［地衣芽孢杆菌、多黏类芽孢杆菌、放射土壤杆菌、海洋芽孢杆菌、坚强芽孢杆菌、解淀粉芽孢杆菌、枯草芽孢杆菌、蜡样芽孢杆菌、蜡样芽孢杆菌（增产菌）、芽孢杆菌、荧光假单胞菌、甲基营养型芽孢杆菌 9912］。

地衣芽孢杆菌（*Bacillus licheniformis*）

产品用法 已登记单剂如 1000IU/mL 水剂，用于黄瓜，防治霜霉病，亩用 350～700mL，喷雾；用于烟草，防治黑胫病、赤星病，亩用 350～700mL，喷雾；参 LS97342。80 亿个/mL 水剂，用于西瓜，防治枯萎病，500～750 倍液，灌根；参 LS20091231。

盾壳霉 ZS-1SB（*Coniothyrium minitans* ZS-1SB）

产品用法 已登记产品如 40 亿孢子/g 可湿性粉剂，用于油菜，防治菌核病，每亩用 45～90g 制剂，兑水喷雾；参 LS20150312。

多黏类芽孢杆菌（*Paenibacillus polymyza*）

产品用法 已登记单剂如 $0.1×10^8$CFU/g 细粒剂，用于番茄、辣椒、茄子，防治青枯病，300 倍液浸种、$0.3g/m^2$ 苗床泼浇或亩用 1050～1400g 灌根；用于烟草，防治青枯病，300 倍液浸种、$0.3g/m^2$ 苗床泼浇或亩用 1250～1700g 灌根；参 LS20040563。$10×10^8$CFU/g 可湿性粉剂，用于番茄，防治青枯病，100 倍液浸种、3000 倍液泼浇或亩用 440～680g 灌根；用于黄瓜，防治角斑病，亩用 100～200g，喷雾；用于西瓜，防治枯萎病，100 倍液浸种、3000 倍液泼浇或亩用 440～680g 灌根；用于西瓜，防治炭疽病，亩用 100～200g，喷雾；参 LS20110203。

放射土壤杆菌 （Agrobacterium radibacter）

产品用法 已登记单剂如 200×10^4 CFU/g 湿粉，用于桃树，防治根癌病，1~5 倍液，移栽前浸泡树苗 10min 或浸蘸树苗根部；参 LS2000574。

寡雄腐霉菌 （Pythium oligadrum）

产品特点 寡雄腐霉菌属于鞭毛菌亚门卵菌纲霜霉目霜霉科腐霉属寡雄腐霉菌种，品种 DV74。可抑制多种土壤真菌的生长及危害，具有较强的真菌寄生抗性和竞争能力，同时还能刺激作物抗病所需的植物激素的产生，从而增强作物抗病能力，使作物生长和强壮，增强作物的防御机能及对致病真菌的抗性。

产品用法 已登记单剂如 100 万孢子/g 可湿性粉剂，用于番茄，防治晚疫病，亩用 6.7~20g，喷雾；参 LS20091213。

哈茨木霉菌 （Trichoderma harzianum）

产品特点 哈茨木霉菌属于半知菌亚门丝孢纲丝孢目木霉属哈茨木霉种。在防治中起到 5 方面的作用，即拮抗作用、竞争作用、重寄生作用、诱导抗性、促生作用。

产品用法 已登记单剂如 3×10^8 CFU/g 可湿性粉剂，用于番茄，防治猝倒病、立枯病，使用量为 4~6g/m²，苗前灌根；用于观赏百合（温室），防治根腐病，使用量为制剂 60~70g/L 水，种球浸泡；参 LS20110181。

海洋芽孢杆菌 （Bacillus marinus）

产品用法 已登记单剂如 10×10^8 CFU/g 可湿性粉剂，用于番茄，防治青枯病，稀释 30 倍苗床浇灌或亩用制剂 500~620g 灌根；用于黄瓜，防治灰霉病，亩用制剂 100~200g，喷雾；参 PD20142273。

甲基营养型芽孢杆菌 9912 （Bacillus methylotrophicus 9912）

产品特点 甲基营养型芽孢杆菌（*Bacillus methylotrophicus*）是 2010 年 Munusamy Madhaiyan 等报道的新种。甲基营养型芽孢杆菌 BAC-9912 是由中国科学院沈阳应用生态研究所胡江春等人从辽宁渤海海域的海泥样品中成功筛选、分离出的一株海洋细菌，简称 BAC-9912。室内活性测定结果表明，甲基营养型芽孢杆菌 9912 经培养后产生的物质对植物真菌类病害具有较强的抗菌活性；毒理学研究及环境影响研究证明，其对人畜没有不良影响，无致病性，对环境无害。多年田间试验证明，甲基营养型芽孢杆菌对黄瓜、番茄灰霉病、晚疫病、棉花黄枯萎病及苹果树腐烂病等防治效果显著。同时，甲基营养型芽孢杆菌 9912 也可作为植物根际促生菌（PGPR）促进植物生长，为新型的生物杀菌剂。利用叶面上的营养和水分进行繁殖，同时产生抗菌活性物质，起到有效抑制、杀灭病菌的作用。

产品用法 已登记产品如 30 亿活芽孢/g 可湿性粉剂，用于黄瓜，防治灰霉病，每亩用 62.5～100g 制剂，喷雾；参 LS20160011。在作物初花期或灰霉病发病前用药，稀释 500～800 倍均匀喷雾，连续施药 3～4 次，每次间隔 7～10d。不宜在太阳暴晒下施药。贮藏在干燥、阴凉、避光处，温度不超过 30℃，湿度不超过 70%，防止雨淋、日晒。

甲基营养型芽孢杆菌 LW-6 （Bacillus methylotrophicus LW-6）

产品用法 已登记产品如 80 亿芽孢/g 可湿性粉剂，用于黄瓜，防治细菌性角斑病，每亩用 80～120g 制剂，喷雾；用于水稻，防治细菌性条斑病，每亩用 80～120g 制剂，喷雾；用于柑橘，防治溃疡病，稀释 800～1200 倍，喷雾；参 LS20170099。

坚强芽孢杆菌 （Bacillus firmus）

产品用法 已登记单剂如 25 亿芽孢/g 可湿性粉剂，用于黄瓜，防治灰霉病，亩用制剂 30～70g，喷雾；参 LS20140221。

解淀粉芽孢杆菌 （Bacillus amyloliquefacien）

产品用法　已登记单剂如 10 亿活芽孢/g 可湿性粉剂，用于水稻，防治稻瘟病，亩用 100～120g，喷雾；参 LS20130033。

枯草芽孢杆菌 （Bacillus subtilis）

产品用法　已登记单剂如 1000 亿个/g 可湿性粉剂，用于草莓，防治白粉病，亩用 40～60g，喷雾；用于草莓，防治灰霉病，亩用 32～48g，喷雾；用于黄瓜，防治白粉病，亩用 56～84g，喷雾；参 LS20040565。200 亿孢子/g 可湿性粉剂，用于黄瓜，防治白粉病，亩用 90～150g，喷雾；参 LS20090804。10000 个/mL 悬浮种衣剂，用于水稻，调节生长、增产，1：40（药种比），种子包衣；参 LS99952。

蜡样芽孢杆菌 （Bacillus cereus）

产品用法　已登记单剂如 8 亿个/g 可湿性粉剂，用于姜，防治瘟病，使用量为 240～320g 制剂/100kg 种姜，浸泡种姜 30min，或亩用 400～800g，顺垄灌根；参 LS20031261、PD20094534。

蜡样芽孢杆菌 （增产菌）

产品用法　已登记单剂如 300 亿/g 可湿性粉剂，用于油菜，壮苗、抗病、增产，15～20g 药粉/kg 种子，拌种，或者亩用 100～150g，幼苗及抽薹时叶面喷雾；参 LS93527。

木霉菌 （Trichoderma sp.）

产品特点　又名快杀菌、特立克、康吉等。在防治中起到 5 方面的作用。一是拮抗作用。木霉菌通过产生小分子的抗生素和大分子的抗菌蛋白或胞壁降解酶类来抑制病原菌的生长、繁殖和侵染。木霉菌在抗生和菌寄生中，可产生几丁质酶、β-1,3-葡聚糖酶、纤维素酶和蛋白酶来分解植物病原真菌的细胞壁或分泌葡萄糖苷酶等胞外酶来降解病原菌产生的抗生毒素。同时，木霉菌还分泌抗菌蛋白或裂解酶来抑制植物病原真菌的侵染。二是竞争作用。木霉菌可以通过快速生长和繁殖而夺取水分和养分，占有空间，消耗氧气等，以至削弱和排除同一生境中的灰霉病病原物。三是重寄生作用。木霉菌会在特定环境里形成腐霉，对灰霉病菌具有重寄生作用，它进入寄主菌丝后形成大量的分枝和有性结构，因而能抑制葡萄灰霉病症状的出现。四是诱导抗性。木霉菌可以诱导寄主植物产生防御反应，不仅能直接抑制灰葡萄孢的生长和繁殖，而且能诱导作物产生自我防御系统获得抗病性。五是促生作用。实验发现，木霉菌在使用过程中，不仅能控制灰霉病的发生，而且能增加种子的萌发率、根和苗的长度以及植株的活力。

产品用法 已登记产品逾 3 个。1 亿活孢子/g 木霉菌水分散粒剂，用于小麦，防治纹枯病，使用剂量为制剂 166.7～333.3g/100kg 种子，拌种，或者亩用 50～100g，顺垄灌根 2 次；参 LS20031264。1.5 亿活孢子/g 木霉菌可湿性粉剂，用于大白菜、黄瓜，防治霜霉病，亩用 200～300g，喷雾；参 LS94694。2 亿活孢子/g 木霉菌可湿性粉剂，用于黄瓜，防治黄瓜灰霉病，亩用 125～250g，喷雾；参 LS97348。

噬菌核霉

产品特点 噬菌核霉属于半知菌亚门丝孢纲丛梗孢目暗丛梗孢科弯孢霉属画眉草弯孢霉种。原药为马唐致病型画眉草弯孢菌的分生孢子。以弯孢霉菌株经培养、接种、分离得到。具有重寄生作用、抗生作用、溶菌作用。该药主要通过毛孔或损伤表面进入生物体，或者通过几丁酶和葡聚糖酶进行裂解而侵入，穿透细胞间和细胞内的分皮质和髓质，通过无性繁殖产生子实体。由于高渗透，在感染过程中会造成细胞萎缩，膜将分离或退化。

产品用法 已登记单剂如 2 亿活孢子/g 可湿性粉剂，用于油菜，防治菌核病，亩用 100～150g，喷施于地表后覆土；参 LS20130420。

小盾壳霉 GMCC8325（Coniothyrium minitans GMCC8325）

产品用法 已登记产品如 2 亿孢子/g 可湿性粉剂，用于油菜，防治菌核病，每亩用 100～150g 制剂，喷施于地表后覆土；参 PD20161253

芽孢杆菌

产品用法 已登记单剂如 10 亿/g 可湿性粉剂，用于三七，防治根腐病，亩用 150～200g，喷雾；用于水稻，防治纹枯病，亩用 75～100g，喷雾；用于烟草，防治黑胫病，亩用 100～125g，喷雾；用于辣椒，防治枯萎病，亩用 200～300g，灌根；参 LS2001821。

荧光假单胞菌（Pseudomonas fluorescens）

产品用法 已登记单剂如 5 亿个活芽孢/g 可湿性粉剂，用于小麦，防治全蚀病，1000～1500g 制剂/100kg 种子拌种或亩用 100～150g 灌根 2 次；参 LS981287。3000 亿个/g 粉剂，用于番茄，防治青枯病，亩用 437.5～550g，浸种＋泼浇＋灌根；用于烟草，防治青枯病，亩用 512.5～662.5g，浸种＋泼浇＋灌根；参 LS20031369、PD20090002。

第六节 微生物源/抗体型生物杀菌剂品种 ▶▶▶

目前用来开发成微生物源/抗体型生物杀菌剂的微生物有放线菌、细菌 2 大类群。已经获准登记的逾 21 种，如长川霉素、春雷霉素、多抗霉素、多抗霉素 B、公主岭霉素、华光霉素、金核霉素、井冈霉素、井冈霉素 A、链霉素、硫酸链霉素、嘧啶核苷类抗生素、嘧肽霉素、灭瘟素、宁南霉素、申嗪霉素、水合霉素、四霉素、武夷菌素、中生菌素等。申嗪霉素的产生菌为细菌，其他抗生素的产生菌为放线菌。

长川霉素

产品特点　长川霉素的产素生物为从广西梧州地区的土壤中分离得到的生黑孢链霉菌广西变种。

产品用法　具有根部内吸作用，但无叶片内吸作用。已登记单剂如 1% 水剂，用于番茄，防治灰霉病，亩用 1% 水剂 500～750mL，喷雾；参 LS20041957。

春雷霉素（kasugamycin）

其他名称　加收米、春日霉素等。

产品特点　我国生产的春雷霉素的产素生物为小金色放线菌（*Actinomycetes microaureus*），日本生产的春雷霉素（称为春日霉素）的产素生物为放线菌 *Sterptomyces kasugaensis*。有较强的内吸性，具有预防、治疗作用，其治疗效果更为显著。渗透性强，并能在作物体内移动。各地试验结果表明，瓜类喷施 2% 液剂后叶色浓绿并能延长采收期。

产品用法　适用于水稻、高粱、番茄、黄瓜等。能防治真菌、细菌性病害。已登记单剂如 0.4% 粉剂，2% 液剂，2% 水剂，2%、4%、6% 可湿性粉剂。首家登记证号 PD85164。

（1）水稻　很多产品登记用于水稻防治稻瘟病，部分产品防治稻瘟病的登记用量见表 3-30。

表 3-30　春雷霉素防治稻瘟病登记情况

产品规格	登记用量	登记证号
2% 液剂	24～30g(a. i.)/hm²	PD54-87
2% 水剂	30～45g(a. i.)/hm²	LS20053596
2% 可湿性粉剂	30～36g(a. i.)/hm²	LS20052328

产品规格	登记用量	登记证号
4%可湿性粉剂	$30\sim37.5g(a.i.)/hm^2$	LS20072000
6%可湿性粉剂	$28\sim33g(a.i.)/hm^2$	LS20042433
	$36\sim45g(a.i.)/hm^2$	LS20070192
6%、4%、2%可湿性粉剂	$200\sim400mg/L$	PD85164

防治稻瘟病的叶瘟,于发病初期施药,过 7d 后可视病情发展和天气状况酌情再施一次,每亩次用 2%液剂 80mL,兑水 30～40L 喷雾。

防治稻瘟病的穗颈瘟,在水稻破口期和齐穗期各施药一次,每亩次用 2%液剂 100mL,兑水 40～50L 喷雾。

(2) 高粱　防治炭疽病,于发病初期施药,每亩次用 2%液剂 75～100mL。

(3) 番茄　防治叶霉病,于发病初期施药,以后每隔 7d 左右施药一次,连续施药 2～3 次,每亩次用 2%液剂 140～175mL,兑水喷雾。

(4) 黄瓜　防治细菌性角斑病,于发病初期施药,以后每隔 7d 左右施药一次,连续施药 2～3 次,每亩次用 2%液剂 140～175mL,兑水喷雾。防治枯萎病,使用浓度为 200～400mg/L,施用方法为喷雾、灌根、抹病斑。参 PD85164。

(5) 辣椒　防治细菌性疮痂病,于发病初期施药,以后每隔 7d 左右施药一次,连续施药 2～3 次,每亩次用 2%液剂 100～130mL,兑水喷雾。

(6) 芹菜　防治早疫病,于发病初期施药,亩用 2%液剂 100～120mL。

(7) 菜豆　防治晕枯病,于发病初期施药,亩用 2%液剂 100～130mL。

(8) 白菜　防治软腐病,亩用 2%可湿性粉剂 100～150g。参 PD85164。

已登记混剂组合如 13%春雷霉素·三环唑（3%＋10%）、41%春雷霉素·稻瘟灵（1%＋40%）、21.2%春雷霉素·四氯苯肽

（1.2％＋20％）、50％春雷霉素·氧氯化铜（5％＋45％）、50.5％春雷霉素·硫黄（0.5％＋50％）。

注意事项 施药后5～6h遇雨不影响药效。不能与碱性农药混用。对大豆、藕有轻微药害，在邻近大豆和藕田使用时要注意。

多抗霉素（polyoxin）

其他名称 多氧霉素、多效霉素、保利霉素、宝丽安等。

产品特点 我国多抗霉素的产素生物为金色产色链霉菌，含A～N共14种不同同系物，主要成分是多抗霉素A、多抗霉素B。日本多抗霉素（称为多氧霉素）的产素生物为可可链霉菌阿苏变种，主要成分是多抗霉素B。

产品用法 具有较好的内吸传导作用。作用机理是干扰病菌细胞壁几丁质的生物合成。芽管和菌丝体接触药剂后，局部膨大、破裂，溢出细胞内含物，而不能正常发育，导致死亡。还有抑制病菌产孢和病斑扩大的作用。适用于水稻、小麦、棉花、甜菜、烟草、茶树、草莓、苹果、梨树、葡萄、番茄、黄瓜、人参、花卉等。已登记单剂如"1.5％，2％，3％"可湿性粉剂，"6％，4％，2％"可湿性粉剂，10％可湿性粉剂。首家登记证号PD85163。多抗霉素登记情况见表3-31。

表 3-31 多抗霉素登记情况

登记作物	防治对象	用药量（制剂）	施用方法
水稻	稻瘟病	1500 倍液(6％),1000 倍液(4％),500 倍液(2％)	喷雾
水稻	纹枯病	75～150 倍液(1.5％),150～300 倍液(3％)	喷雾
水稻	白粉病	75～150 倍液(1.5％),150～300 倍液(3％)	喷雾
小麦	纹枯病	75～150 倍液(1.5％),150～300 倍液(3％)	喷雾
小麦	白粉病	75～150 倍液(1.5％),150～300 倍液(3％)	喷雾
棉花	立枯病	75～150 倍液(1.5％),150～300 倍液(3％)	喷雾
棉花	褐斑病	75～150 倍液(1.5％),150～300 倍液(3％)	喷雾
甜菜	褐斑病	75～150 倍液(1.5％),150～300 倍液(3％)	喷雾
甜菜	立枯病	75～150 倍液(1.5％),150～300 倍液(3％)	喷雾
烟草	晚疫病	75 倍液(1.5％),150 倍液(3％)	喷雾
烟草	赤星病	75 倍液(1.5％),150 倍液(3％)	喷雾

登记作物	防治对象	用药量(制剂)	施用方法
烟草	赤星病	70~90g/亩(10%)	喷雾
烟草	野火病	600~800 倍液(4%)	喷雾
茶树	茶饼病	150 倍液(1.5%),300 倍液(3%)	喷雾
苹果树	斑点落叶病	1000~1500 倍(10%)	喷雾
苹果树	灰斑病	75~300 倍(1.5%),150~600 倍(3%)	喷雾
苹果树	黑斑病	75~300 倍液(1.5%),150~600 倍液(3%)	喷雾
梨树	黑斑病	75~300 倍液(1.5%),150~600 倍液(3%)	喷雾
梨树	灰斑病	75~300 倍液(1.5%),150~600 倍液(3%)	喷雾
番茄	赤星病	75 倍液(1.5%),150 倍液(3%)	喷雾
番茄	晚疫病	75 倍液(1.5%),150 倍液(3%)	喷雾
黄瓜	白发病	75~100 倍液(1.5%),150~200 倍液(3%)	喷雾
黄瓜	霜霉病	75~100 倍液(1.5%),150~200 倍液(3%)	喷雾
黄瓜	灰霉病	100~140g/亩(10%)	喷雾
黄瓜	枯萎病	150~300 倍液(6%),100~200 倍液(4%), 50~100 倍液(2%)	喷雾、灌根、 抹病斑
人参	黑斑病	75~150 倍液(1.5%),150~300 倍液(3%)	喷雾
花卉	霜霉病	75~100 倍液(1.5%),150~200 倍液(3%)	喷雾
花卉	白粉病	75~100 倍液(1.5%),150~200 倍液(3%)	喷雾

已登记混剂组合如代森锰锌·多抗霉素、多抗霉素·福美双、多抗霉素·喹啉铜、多抗霉素·嘧肽霉素。

多抗霉素 B (polyoxin B)

产品特点 又名多氧霉素、多效霉素、保利霉素、宝丽安等。我国多抗霉素的产素生物为金色产色链霉菌,含 A~N 共 14 种不同同系物,主要成分是多抗霉素 A、多抗霉素 B。日本多抗霉素(称为多氧霉素)的产素生物为可可链霉菌阿苏变种,主要成分是多抗霉素 B。

产品用法 具有较好的内吸传导作用。作用机理是干扰病菌细胞壁几丁质的生物合成。芽管和菌丝体接触药剂后,局部膨大、破裂,溢出细胞内含物,而不能正常发育,导致死亡。还有抑制病菌产孢和病斑扩大的作用。适用于小麦、烟草、黄瓜、人参、水稻、苹果、草莓、葡萄等。已登记单剂如 10%可湿性粉剂,用于番茄,防治叶霉病，亩用 100～140g，喷雾；用于黄瓜，防治灰霉病，亩用 100～140g，喷雾；用于苹果，防治斑点病、轮斑病，使用浓度 67～100mg/kg，喷雾；参 PD138～91。

公主岭霉素

产品特点 又名农抗 109 等。公主岭霉素的产素生物为不吸水链霉菌公主岭新变种。组分中有脱水放线酮、异放线酮、制霉菌素、奈良霉素 B、苯甲酸等。

产品用法 已登记单剂如 0.25％可湿性粉剂，用于水稻、小麦、莜麦、高粱、谷子、糜子。首家登记证号 PD85152。

华光霉素 （nikkomycin）

其他名称 日光霉素、尼柯霉素等。

产品特点 华光霉素的产素生物为唐德轮枝链霉菌 S-9。华光霉素分子结构与细胞壁中几丁质合成的前体 N-乙酰葡萄糖胺相似，因而对细胞内几丁质合成酶发生竞争性抑制作用，阻止葡萄糖胺的转化，干扰细胞壁几丁质的合成，抑制螨类和真菌的生长。

产品用法 能防治螨类和真菌性病害。已登记单剂如 2.5％可湿性粉剂，用于苹果，防治山楂红蜘蛛，使用浓度为 20～40mg/L；用于柑橘，防治全爪螨，使用浓度为 40～60mg/L；参 LS92328。

金核霉素 （aureonucleomycin）

产品特点 金核霉素的产素生物为金色链霉菌苏州变种。

产品用法 已有 94％原药登记，参 LS20021932。

井冈霉素 （jingangmycin）

产品特点 井冈霉素的产素生物为吸水链霉菌井冈变种。共 6

个组分，主要活性物质为井冈霉素 A，其次是井冈霉素 B。

产品用法　具有很强的内吸作用。药剂与水稻纹枯病病菌的菌丝接触后，能很快被菌体细胞吸收并在菌体内传导，干扰和抑制菌体细胞正常生长发育，从而起到治疗作用。适用于水稻、小麦、棉花、瓜类等，能防治水稻纹枯病、稻曲病、小麦纹枯病、棉花立枯病、瓜类立枯病等。已登记单剂如 0.33％粉剂（参 PD87332）；2％、3％、4％可溶粉剂（参 PD85132），5％可溶粉剂（参 PD86139），12％、15％、17％可溶粉剂（参 PD86146）；3％、5％水剂（参 PD85131），10％水剂（参 PD93106）。首家登记证号 PD85131。

井冈霉素 A（jingangmycin A）

产品特点　井冈霉素的产素生物为吸水链霉菌井冈变种。共 6 个组分，主要活性物质为井冈霉素 A，其次是井冈霉素 B。

产品用法　具有很强的内吸作用。药剂与水稻纹枯病病菌的菌丝接触后，能很快被菌体细胞吸收并在菌体内传导，干扰和抑制菌体细胞正常生长发育，从而起到治疗作用。适用于水稻、小麦、棉花、瓜类等，能防治水稻纹枯病、稻曲病、小麦纹枯病、棉花立枯病、瓜类立枯病等。已登记单剂如 2.4％、4％、5％、8％、10％水剂，3％、4％、5％、10％、15％、20％、60％可溶粉剂。5％可溶粉剂，用于水稻，防治纹枯病，亩用 30～50g，喷雾；参 LS97349。

链霉素（streptomycin）

对多种作物细菌病害有防治作用，对一些真菌病害也有一定防效。

硫酸链霉素（streptomycin sulfate）

其他名称　农用硫酸链霉素等。

产品用法 干扰细菌蛋白质的合成及信息核糖核酸与30S核糖体亚单位结合，抑制肽链的延长，对革兰氏阴性菌和阳性菌等都有较好的抑制作用。对多种作物细菌病害有防治作用，对一些真菌病害也有一定防效。已登记单剂如24%、72%可溶粉剂。首家登记证号PD91107。72%可溶粉剂，用于大白菜，防治软腐病，亩用13.9～27.8g，喷雾；参LS20031036。

已登记混剂如90%硫酸链霉素·盐酸土霉素（水合霉素）可溶粉剂（35%＋55%）、20%硫酸链霉素·氧氯化铜可湿性粉剂（2%＋18%）；参LS97911、LS20030222、LS20020936。

早在2011年5月，第八届全国农药登记评审委员会第九次会议决定：停止受理和批准硫酸链霉素的新增田间试验、农药登记，已批准含有硫酸链霉素的产品，其登记证件到期后，不再办理续展登记。2011年后我国32个农用链霉素的登记证件中，28个临时登记证件遭淘汰，只剩4个正式登记证件。重庆丰化科技有限公司的证件在2011年6月14日转为正式登记证，成为会议决定前最后一个转正的登记证件。由于正式登记证件有效期为5年，且到期不再续展，意味着农用硫酸链霉素5年后将彻底退出舞台，生产时间截止为2016年6月14日。

嘧啶核苷类抗生素

其他名称 抗霉菌素120、农抗120、120农用抗生素、TF-120等。

产品特点 嘧啶核苷类抗生素的产素生物为刺孢吸水链霉菌北京变种，主要组分为120-B，类似下里霉素，次要组分为120-A和120-C，类似潮霉素B、星霉素。

产品用法 对许多植物病原菌有强烈的抑制作用，对瓜类白粉病、小麦白粉病、花卉白粉病、小麦锈病防效较好。已登记单剂如"2%，4%"、2%、4%、6%水剂，10%可湿性粉剂，首家登记证号PD86110。嘧啶核苷类抗生素登记情况见表3-32。

表 3-32　嘧啶核苷类抗生素登记情况

登记作物	防治对象	用药量（制剂）	施用方法
水稻	纹枯病	500～600g/亩(2%),250～300g/亩(4%)	喷雾
水稻	炭疽病	500～600g/亩(2%),250～300g/亩(4%)	喷雾
小麦	锈病	200 倍液(2%),400 倍液(4%)	喷雾
烟草	白粉病	200 倍液(2%),400 倍液(4%)	喷雾
苹果	白粉病	200 倍液(2%),400 倍液(4%)	喷雾
葡萄	白粉病	200 倍液(2%),400 倍液(4%)	喷雾
西瓜	枯萎病	200 倍液(2%),400 倍液(4%)	灌根
番茄	疫病	200 倍液(2%),400 倍液(4%)	喷雾
大白菜	黑斑病	200 倍液(2%),400 倍液(4%)	喷雾
瓜类	白粉病	200 倍液(2%),400 倍液(4%)	喷雾
花卉	白粉病	200 倍液(2%),400 倍液(4%)	喷雾

已登记混剂组合如苯醚甲环唑·嘧啶核苷类抗生素、井冈霉素·嘧啶核苷类抗生素。

嘧肽霉素 （cytosinpeptidemycin）

产品特点　嘧肽霉素的产素生物为不吸水链霉菌。对病毒和病菌具有预防、治疗作用。可延长病毒潜育期，破坏病毒结构，降低病毒粒体浓度，提高植株抵抗病毒的能力，从而达到防治病毒病的功效。还可抑制真菌菌丝生长，并能诱导植物体产生抗性蛋白，提高植物的免疫力。

产品用法　已登记单剂如 4% 水剂，用于番茄，防治病毒病，使用浓度为稀释 200～300 倍，喷雾；参 LS20011552。

灭瘟素

产品特点　灭瘟素的产素生物为 *Streptomyces greseochromogenes*。成品为灭瘟素苄基苯磺酸盐。

产品用法　对稻瘟病具有内吸治疗作用，尤其对穗颈瘟有良好防效。能抑制孢子萌发、菌丝生长发育以及孢子形成，但预防效果较差。主要抑制氨基酸的活化反应，从而影响蛋白质的生物合成。对病毒病也有抑制作用。已登记单剂如 2％乳油，1％可湿性粉剂；参 PD85130、LS87017、PD88110。2％乳油用于水稻。

宁南霉素 （ningnanmycin）

产品特点 宁南霉素的产素生物为诺儿斯链霉菌西昌变种。对病毒和病菌具有预防、治疗作用。可延长病毒潜育期，破坏病毒粒体结构，降低病毒粒体浓度，提高植株抵抗病毒的能力，从而达到防治病毒病的功效。还可抑制真菌菌丝生长，并能诱导植物体产生抗性蛋白，提高植物的免疫力。

产品用法 已登记单剂如 1.4％、2％、4％、8％水剂，10％可溶粉剂。首家登记证号 LS97569。宁南霉素登记情况见表3-33。在发病前施药效果最佳。有的资料说，防治真菌、病毒病害，4％水剂稀释 500～600 倍；防治细菌病害，4％水剂稀释250～300 倍。

表 3-33　宁南霉素登记情况

登记作物、防治对象		产品规格	登记用量	施用方法	登记证号
真菌	水稻:立枯病	2％AS	$0.25～0.5g/m^2$	喷洒苗床	LS981485
	菜豆:白粉病	2％AS	90～125g(a.i.)/hm²	喷雾	LS97569
	黄瓜:白粉病	10％SP	75～112.5g(a.i.)/hm²	喷雾	LS20042632
	苹果:斑点落叶病	8％AS	26.7～40mg/kg	喷雾	
	大豆:根腐病	2％AS	18～24g(a.i.)/hm²	播前拌种	LS981485
细菌	桃树:细菌性穿孔病	—	—		
	水稻:白叶枯病	2％AS	60～100g(a.i.)/hm²	喷雾	PD20097121
病毒	水稻:条纹叶枯病	2％AS	60～100g(a.i.)/hm²	喷雾	LS981485
		4％AS	80～100g(a.i.)/hm²	喷雾	LS20071620
	番茄:病毒病	2％AS	90～120g(a.i.)/hm²	喷雾	LS981485
		2％AS	90～120g(a.i.)/hm²	喷雾	LS20070673
		8％AS	90～120g(a.i.)/hm²	喷雾	LS20001612
	辣椒:病毒病	1.4％AS	90～125g(a.i.)/hm²	喷雾	LS2002108
		2％AS	90～125g(a.i.)/hm²	喷雾	LS97569
		8％AS	90～125g(a.i.)/hm²	喷雾	LS20001612

登记作物、防治对象		产品规格	登记用量	施用方法	登记证号
病毒	烟草:病毒病	2%AS	90～120g(a. i.)/hm²	喷雾	LS20042451
		8%AS	50～75g(a. i.)/hm²	喷雾	LS20001612
	烟草:花叶病毒病	2%AS	90～125g(a. i.)/hm²	喷雾	LS97569
		2%AS	90～120g(a. i.)/hm²	喷雾	LS981485

注：宁南霉素能防治桃树细菌性穿孔病，但目前尚无产品获得登记。

申嗪霉素 （phenazino-1-carboxylic acid）

产品特点　又名农乐霉素等。本品是由荧光假单胞菌菌株 M18 经发酵、提取而制成的。具有预防、治疗作用。作用机理主要是利用其氧化还原能力，在真菌细胞内积累活性氧，抑制线粒体中呼吸传递链的氧化磷酸化作用，从而抑制植物病原菌菌丝的正常生长，引起菌丝体的断裂、肿胀、变形和裂解。

产品用法　已登记单剂如 1%悬浮剂，用于水稻，防治纹枯病，亩用 50～70mL，喷雾；用于辣椒，防治疫病，亩用 50～120mL，喷雾；用于西瓜，防治枯萎病，稀释 500～1000 倍，喷雾；参 LS20031380。

水合霉素 （oxytetracyclini hydrochloridum）

其他名称　盐酸土霉素、枯必治等。

产品用法　对细菌、真菌性病害有良好防效。主要用于防治番茄溃疡病、番茄青枯病、茄子褐纹病、豇豆枯萎病、大葱软腐病、大蒜紫斑病、白菜软腐病、大白菜细菌性角斑病、大白菜细菌性叶斑病、甘蓝类细菌性黑斑病等。已登记单剂如 88%可溶粉剂，用于大白菜，防治软腐病，亩用 33～40g，喷雾；参 LS2000281。

已登记混剂如 90%硫酸链霉素·盐酸土霉素（水合霉素）可溶粉剂（35%＋55%）。

四霉素 （tetramycin）

产品特点　又名梧宁霉素、11371 抗生素等。四霉素的产素生物为不吸水链霉菌梧州亚种（诺尔斯链霉菌 11371）。本品为肽嘧啶核苷酸类抗生素，包括 A_1、A_2、B、C 四个组分，其中 A_1、A_2 为大环内酯类的四烯抗生素，B 为肽类抗生素（与白诺菌素为同一物质），C 为含氮杂环芳香族抗生素（结构同茴香霉素）。为广谱抗生素，通过抑制蛋白质合成而产生抑菌作用。对苹果腐烂病防效高，治愈后不易复发，有明显的促进愈伤组织再生的作用。

产品用法　适用于水稻、苹果等。能防治真菌、细菌性病害。室内抑菌试验表明，对真菌（子囊菌和半知菌）均有活性作用。对水稻稻瘟病具有预防、治疗作用。对大多数革兰氏染色阳性、阴性细菌有效。有的资料说对苹果斑点落叶病，梨黑星病，葡萄白腐病、白粉病，桃褐腐病有特效。已登记单剂如 0.15%（1500 单位/mL）水剂。首家登记证号 LS90332。

（1）水稻　防治稻瘟病，于发病之前或发病初期施药，以后每隔 7d 左右施药一次，可连续施药 2～3 次，每亩次用 48～60mL，兑水喷雾。

（2）苹果　防治腐烂病，稀释 5 倍（使用浓度为 300 单位/mL），施用方法为涂抹病疤。

注意事项　不宜与碱性农药混用。每季使用次数不限。安全间隔期 21d。

武夷菌素（wuyiencin）

产品特点　又名绿神九八、农抗武夷菌素等。武夷菌素的产素生物为中国农科院 1979 年从福建省武夷山区采土分离出来的一株链霉菌。

产品用法　已登记单剂如 1%水剂，用于黄瓜，防治白粉病，亩用 400～700mL；参 LS981038。

中生菌素（zhongshengmycin）

其他名称　克菌康等。

产品特点　中生菌素的产素生物为淡紫灰链霉菌海南变种。属于保护性杀菌剂，具有触杀、渗透作用。对细菌的作用机理是抑制菌体蛋白质的合成，导致菌体死亡。对真菌的作用机理是使丝状菌丝变形，抑制孢子萌发并能直接杀死孢子。对细菌性病害及部分真菌性病害具有很高的活性，同时具有一定的增产作用。使用安全，可在苹果花期使用。

产品用法　已登记单剂如1%水剂，用于苹果，防治轮纹病，使用浓度为20～40mg/L，喷雾；参 LS2000701。3%水剂用于防治大白菜的软腐病、番茄的青枯病、柑橘（果实）的溃疡病、黄瓜的细菌性角斑病、姜的瘟病、苹果的轮纹病、水稻的白叶枯病、芦笋茎枯病、青椒疮痂病、西瓜枯萎病、菜豆细菌性疫病；参 LS2001336。

第七节　植物源/抗体型生物杀菌剂品种 >>>

目前已经获准登记的植物源/抗体型杀菌剂逾14种（大黄素甲醚、大蒜素、丁香酚、儿茶素、高脂膜、核苷酸、黄芩苷、混合脂肪酸、苦参碱、蛇床子素、萜烯醇、香芹酚、小檗碱、谷固醇）。

大黄素甲醚（physcion）

产品特点　大黄素甲醚存在于蓼科大黄中。本品是由大黄的根、茎提取物制成的。具有内吸作用，作用机理主要为抑制细菌的糖及糖代谢中间产物的氧化、脱氢，抑制蛋白质和核酸的合成。

产品用法　已登记单剂如0.5%水剂，用于黄瓜，防治白粉病，亩用240～360mL，喷雾；参 PD20130369。又如0.1%水剂，用于番茄，防治病毒病，亩用 60 ～ 100mL，喷雾；参 LS 20130365。

大蒜素 （allicin）

产品特点 大蒜素存在于百合科大蒜的鳞茎（大蒜头），也存在于洋葱等植物中。

产品用法 已登记单剂如 0.05% 浓乳剂，用于黄瓜，防治白粉病，稀释 50~100 倍，喷雾；用于枸杞，防治白粉病，使用浓度 5~10mg/kg，喷雾；参 LS20040148。

丁香酚 （eugenol）

其他名称 丁子香酚、灰霜特等。

产品特点 本品来自丁香的花或番石榴的叶精油。

产品用法 已登记单剂如 0.3% 丁香酚可溶液剂，用于番茄，防治灰霉病，亩用 88.9~117.8mL（参 LS98408）或 85.8~120mL（参 LS20052323）。又如 20% 丁子香酚水乳剂，用于番茄，防治病毒病，每亩用 30~45mL，喷雾；参 LS20150216。在病毒病发病前或初期开始施药，连续施用 2~3 次，间隔 7~10d 一次。喷雾要均匀一致，叶背与叶面要均匀喷到。每季最多施药 3 次，安全间隔期 5d。

已登记混剂如 2.1% 丁子香酚·香芹酚水剂（2%＋0.1%），用于番茄，防治灰霉病，亩用 107~150mL；参 LS20011820。混剂曾用商品名菌毒顽除。

儿茶素 （*d*-catechin）

产品特点 儿茶素存在于豆科儿茶中。本品是由儿茶的去皮枝干经加水煎煮、浓缩、干燥的煎膏制成的。作用机理为儿茶素在充分接触覆盖菌体时，容易被氧化成醌类物质而提供氢离子，抑制病菌葡萄糖的生成量，干扰菌体需糖粘连，而导致菌类死亡；另外儿茶素含有的鞣质在菌体外形成屏障，使菌体不能获得营养而导致死亡。

产品用法 已登记单剂如 1.1％ 可湿性粉剂，用于番茄，防治灰霉病，亩用127.3～187.9g，喷雾；用于黄瓜，防治黑星病，亩用 187.9～375.8g。

高脂膜

产品特点 高脂膜由十二碳醇（月桂醇，lauryl alcohol）、十六碳醇（棕榈醇，palmityl alcohol）等高级脂肪醇组成，本身不具备杀菌作用，该药喷在作物表面自动扩散，形成一层肉眼看不到的单分子膜，把作物包裹起来，保护作物不受外部病害的侵染并阻止病菌扩展，而不影响作物生长，透气透光，起到防病作用。

产品用法 已登记产品如 27％ 乳剂（25％＋2％），用于小麦，防治白粉病，亩用 407.4mL 或 500～1000mL，喷雾；用于黄瓜，防治霜霉病，亩用 500mL 或 500～1000mL，喷雾；参 LS90339、LS933395。

核苷酸 （nucleotide）

其他名称 绿泰宝、绿风95、桑兰990A 等。

产品特点 本品是养殖的蚯蚓、蚯蚓卵及粪便经过发酵、碱解、混配铜、锌等微量元素络合而成的，水解时可使核酸降解为核苷酸，起到调节植物生长的作用。

产品用法 已登记单剂如 0.05％ 水剂，用于黄瓜（保护地），调节生长、增产，400～600 倍液，喷雾；用于棉花，防治黄萎病，喷雾；用于辣椒，防治疫病，喷雾；参 LS96379、LS99469、LS991689。

已登记混剂如 3.52％ 腐植酸·核苷酸水剂，参 LS99979。

黄芩苷 （baicalin）

产品特点 黄芩苷存在于唇形科黄芩中。本品是由黄芩根的提取物制成的。

产品用法 已登记混剂如 0.28％黄芩苷·黄酮水剂（0.16％+0.12％），用于苹果，防治腐烂病，稀释 300～400 倍喷雾；参LS98597、LS991962。混剂曾用商品名农丰灵、物星等。

混合脂肪酸（fattyacids）

产品特点 又名 83 增抗剂等。化学结构式为 R—COOH，R为含有 13 个、15 个、17 个、19 个、21 个、23 个碳原子的烷基，也可以是含有 1～3 个不饱和键的烃基。原药为 94％～96％的食用菜籽油，外观为浅黄色透明液体，相对密度 d_4^{20} 时为 0.909～0.914，沸点 282℃，凝固点－12～－10℃。

产品用法 已登记单剂如 10％水剂，用于烟草，防治花叶病毒，亩用 600～1000mL，喷雾；参 LS93480。

注意事项 需保存在常温条件下，置于阴凉、干燥处。在低温下会凝固，使用时先将凝固制剂放入温水中预热，待制剂融化后再加水稀释。宜在作物生长前期施用，生长后期施用效果不理想。

苦参碱（matrine）

产品特点 苦参碱存在于豆科苦参中，苦豆子、山豆根等植物中也有分布。本品是由苦参的根、茎、叶、果实经乙醇等有机溶剂提取制成的，含一系列生物碱（称为苦参总碱），主要有苦参碱、氧化苦参碱、槐果碱、氧化槐果碱、槐定碱等，以苦参碱、氧化苦参碱的含量最高。

产品用法 本品兼具杀虫、杀螨、杀菌等多方面功效，通常登记作为杀虫剂，较少登记作为杀螨剂和杀菌剂的。作为杀菌剂，已登记单剂如 0.36％水剂，用于梨树，防治黑星病，稀释 600～800倍喷雾（使用浓度 4.5～6mg/kg）；参 LS20090847。

已登记混剂如 0.6％苦参碱·小檗碱水剂（0.15％＋0.45％）、20％苦参碱·硫黄·氧化钙水剂（0.15％＋13.5％＋6.35％）；参LS2001201、LS98947。

蛇床子素（osthol）

产品特点 本品是由伞形科蛇床的干燥成熟果实的提取物制成的。

产品用法 本品兼具杀虫、杀菌等功效。作为杀菌剂，已登记单剂如1%水乳剂，用于黄瓜（保护地），防治白粉病，亩用150~200g，喷雾；参PD20121586。

萜烯醇

其他名称 田梦金等。

产品特点 本品是从澳洲茶树（*Melaleuca alternifolia*）中提取的。作用机理是影响生物细胞膜结构的渗透阻隔作用，并能够破坏细胞膜与细胞壁。同时具有预防和治疗作用，在发病的不同阶段均有杀菌效果：孢子萌发阶段，能有效抑制孢子萌发，从而阻止病害的扩散；菌丝生长与扩散阶段，能抑制（活体与离体）菌丝的生长与扩散；孢子囊生长阶段，能抑制真菌孢子的形成，从而阻止它在新的植物组织上产生感染。

产品用法 已登记产品如9%乳油，用于草莓防治白粉病，用于番茄防治早疫病，每亩用67~100mL，喷雾；参LS20160413。于发病前或发病初期施药，以后视病情和天气情况每隔7d再喷1次，可以一直喷到摘果，无安全间隔期的要求。

香芹酚（carvacrol）

产品特点 又名真菌净等。能防治灰霉病、稻瘟病等。

产品用法 已登记混剂如5%丙烯酸·香芹酚水剂，用于黄瓜，防治灰霉病，亩用86~140mL，喷雾；用于水稻，防治稻瘟病，亩用116.7~175.1mL，喷雾；参LS991448。又如2.1%丁子香酚·香芹酚水剂（2%＋0.1%），用于番茄，防治灰霉病，亩用107~150mL；参LS20011820；混剂曾用商品名菌毒顽除。

小檗碱（berberine）

其他名称　黄连素、檗基胜等。

产品特点　小檗碱存在于毛茛科黄连、芸香科黄柏等植物中。本品是由黄连根的提取物制成的。

产品用法　已登记单剂如0.5%水剂，用于番茄，防治灰霉病，亩用150～187.6mL；用于番茄，防治叶霉病，亩用186.7～280mL；用于黄瓜，防治白粉病、霜霉病，亩用166.7～250mL；用于辣椒，防治疫霉病，亩用186.7～280mL；参LS20061490。

已登记混剂如0.3%黄酮·苦参碱·小檗碱水剂（0.23%＋0.01%＋0.06%），用于草莓，防治灰霉病，亩用1444～1889mL，兑水喷雾；用于番茄，防治早疫病，亩用1889～2889mL，兑水喷雾；参LS20082941。

谷固醇（β-sitosterol）

产品特点　本品是植物源病毒病抑制剂，活性成分全部来源于植物，对人畜、环境和作物兼容性好。喷施后，被植物叶片吸收，能够直接抑制病毒复制，具有钝化病毒的作用；同时能够通过诱导寄主产生抗性，间接阻止病毒侵染。对水稻黑条矮缩病、条纹叶枯病等病毒病具有较好预防和治疗作用。

产品用法　已登记产品如0.06%微乳剂，参LS20150138，见表3-34。

表3-34　0.06%谷固醇微乳剂登记情况

作物（或范围）	防治对象	制剂用药量	使用方法
番茄	花叶病毒病	30～60g/亩	喷雾
辣椒	花叶病毒病	30～60g/亩	喷雾
烟草	花叶病毒病	30～60g/亩	喷雾
水稻	黑条矮缩病	30～40mL/亩	喷雾
水稻	条纹叶枯病	30～40mL/亩	喷雾
小麦	花叶病毒病	30～40mL/亩	喷雾

在水稻应用，应于水稻分蘖初期前后施药，应用手动喷雾器喷湿水稻植株，喷药量以叶面欲滴水为止。应配合吡蚜酮、醚菊酯、噻虫嗪、敌敌畏等药剂轮换使用防除飞虱，以切断病害传播。累计使用次数 2～3 次，连续使用时的间隔时间 7d 左右。

第八节　特殊生物杀菌剂品种 ▶▶▶

生物农药的含义和范围，现在和过去有出入，不同国家和地区也有所差异。本书所称的生物农药是通常意义上的生物农药。

从字面上看就会发现生物化学农药这类农药很特殊，既是"生物"的又是"化学"的。

顾宝根、姜辉（2000 年）报道，生物化学农药以昆虫生长调节剂为主，我国最早开发的品种为灭幼脲和除虫脲，登记注册的品种有 13 种，它们是灭幼脲、除虫脲、氟铃脲、杀铃脲、氟虫脲、氟啶脲、盖虫散、抑食肼、虫酰肼、十六碳烯醛、丁子香酚、三十烷醇、乙烯利。

农业部药检所《2012 年中国农药发展报告》统计，已获登记的生物化学农药有 20 种 327 个产品，它们是葡聚烯糖、氨基寡糖素、几丁聚糖、菇类蛋白多糖、低聚糖素、避蚊胺、诱蝇羧酯（地中海食蝇引诱剂）、诱虫烯、驱蚊酯、赤霉酸、赤霉酸 A_3、赤霉酸 A_4+A_7、吲哚乙酸、吲哚丁酸、苄氨基嘌呤、羟烯腺嘌呤、超敏蛋白、极细链格孢激活蛋白、三十烷醇、乙烯利，其中杀菌剂有葡聚烯糖、氨基寡糖素、几丁聚糖、菇类蛋白多糖、低聚糖素等几种。

2007 年 12 月 8 日农业部发布，自 2008 年 1 月 8 日起施行的《农药登记资料规定》对生物化学农药作出了界定。生物化学农药必须符合下列两个条件：对防治对象没有直接毒性，而只有调节生长、干扰交配或引诱等特殊作用；必须是天然化合物，如果是人工合成的，其结构必须与天然化合物相同（允许异构体比例的差异）。

生物化学农药包括以下 4 类：

第一类，信息素。是由动植物分泌的，能改变同种或不同种受体生物行为的化学物质，包括外激素、利己素、利它素，例如十六碳烯醛。

第二类，激素。由生物体某一部位合成并可传导至其他部位起控制、调节作用的生物化学物质。

第三类，天然植物生长调节剂和天然昆虫生长调节剂。天然植物生长调节剂是由植物或微生物产生的，对同种或不同种植物的生长发育（包括萌发、生长、开花、受精、坐果、成熟及脱落等过程）具有抑制、刺激或调节植物抗逆境等作用（寒、热、旱、湿和风等）的化学物质等。天然昆虫生长调节剂是由昆虫产生的对昆虫生长过程具有抑制、刺激等作用的化学物质，例如灭幼脲、除虫脲、氟铃脲、杀铃脲、氟虫脲、氟啶脲、盖虫散、抑食肼、虫酰肼。

第四类，酶。是在基因反应中作为载体，在机体生物化学反应中起催化作用的蛋白质分子，例如聚半乳糖醛酸酶。聚半乳糖醛酸酶能水解植物细胞壁的多糖，然后经过一系列生物化学反应释放出植物能识别的、具有高度专一性的寡糖素，最终激活植物免疫系统，达到抗病作用。已登记单剂如 1.2% 水剂，用于黄瓜，防治霜霉病，亩用 94.4～122.2mL，喷雾；参 LS20053685。

2008 年 8 月 28 日发布、2008 年 10 月 1 日实施的农业行业标准 NY/T 1667.1～1667.8—2008《农药登记管理术语》也对生物化学农药作出了界定。生物化学农药是对防治对象没有直接毒性，具有调节生长、干扰交配、引诱或抗性诱导等特殊作用的天然或人工合成的农药。生物化学农药包括以下几类：信息素、激素、天然植物生长调节剂、天然昆虫生长调节剂、蛋白类农药、寡聚糖类农药。

1. 植物免疫激活剂

人和动物存在免疫系统，植物也有吗？从 20 世纪 50 年代以来，人们陆续发现真菌、细菌、病毒可诱导烟草、蚕豆、豌豆等多种植物产生抵抗病菌的能力。Kec 等首先提出"植物免疫"概念。

此后更多科学家的研究都证实了植物免疫抗性的存在及其可被外在因子诱导的特性，有关植物免疫的研究受到了越来越广泛的关注。2006年Jones等在《Nature》杂志上发表文章，系统地总结了植物免疫的概念。

植物在长期的进化过程中，逐步获得了适应各种不良环境和抵抗病原物侵袭的能力和机制，当植物受到病虫侵袭时，会通过释放植保素、乙烯、水杨酸、茉莉酸及多酚类物质来抵御外来病原物的入侵。科学家根据植物免疫反应特性发明了"植物疫苗"，这是一类新型的生物农药——植物免疫激活剂，又称植物免疫诱抗剂。

自然界中存在许多能诱导植物产生免疫反应的生物或微生物，植物免疫激活剂就来自这些生物或微生物。植物免疫激活剂可以是一些致病或非致病的菌体、病毒体，也可以是一些病原物的提取成分（可以是蛋白质一类的大分子，也可以是短肽、寡糖等一类的小分子物质，甚至可以是水杨酸之类的信号传递物质）。已经获准登记的植物免疫激活剂的品类有枯草芽孢杆菌、植物免疫激活蛋白、糖链植物疫苗等。

2. 植物免疫激活蛋白

又称植物免疫蛋白、植物激活蛋白、植物蛋白农药等，是从致病真菌、细菌中提取的。

3. 糖链植物疫苗

基于植物免疫理论基础，通过与动物免疫和常规动物疫苗的对比，植物保护学家们将具有植物免疫调节功能的糖类定义为糖链植物疫苗，包括葡聚糖及其寡糖、壳聚糖及其寡糖、寡聚半乳糖醛酸、海藻酸钠寡糖等。

氨基寡糖素（oligosac charins）

其他名称　壳寡糖、正业海岛素等。

产品特点　氨基寡糖素是指D-氨基葡萄糖以β-1,4-糖苷键连接的低聚糖，由聚合度为2～10的氨基葡萄糖组成。从几丁质降解得壳聚糖后再降解制得，或从微生物发酵提取。来自于虾蟹壳的几丁质经过脱乙酰基后而得壳聚糖，壳聚糖经过生物酶或物理、化学方法降解而得壳寡糖。壳寡糖带有正电荷，作为生物农药具有独特的作用。

产品用法 已登记原药、单剂、混剂产品逾59个。已登记单剂如0.5%水剂，用于番茄，防治晚疫病，亩用187.5～250mL，喷雾；用于棉花，防治黄萎病，400倍液，喷雾；用于西瓜，防治枯萎病，400～600倍液，喷雾；用于烟草，防治花叶病毒病，400～600倍液，喷雾；参LS99463、20021143。又如2%水剂，用于番茄，防治晚疫病，亩用50～60mL，喷雾；参LS20001432。

已登记混剂组合很多，与其配伍的组分既有生物农药，如极细链格孢激活蛋白、乙蒜素，又有化学农药，如嘧霉胺、氟硅唑、戊唑醇、烯酰吗啉、嘧菌酯、噻虫嗪；既有二元组合，又有三元组合，如31%氨基寡糖素·氟虫腈·噻虫嗪悬浮种衣剂（1%＋10%＋20%），用于玉米，防治粗缩病、蛴螬；参LS20150040。

已登记混剂如6%氨基寡糖素·极细链格孢激活蛋白可湿性粉剂（3%＋3%），用于番茄、烟草，防治病毒病，亩用75～100g，喷雾；参LS20140049。

超敏蛋白（harpin protein）

其他名称 康壮素等。

产品特点 超敏蛋白是从梨火疫病细菌蛋白中提取的一种致病病原物蛋白激发子——harpin Ea，是一种纯天然的蛋白制剂。作用原理是通过harpin Ea提示植物识别病原菌侵入并作出反应，诱导系统获得抗性，促进作物生长，从而达到促进作物生长、提高作物抗病能力、增加作物产量、提高农产品品质的目的。喷洒在植物表面以后便与植物表面的信号接收器（又称受体，任何植物表面都存在这种受体物质）接触，给植物一个假的信号（发出病原物攻击警报），随即一触即发，通过信息传递，引起多种基因发生表达，3～5min便可激活植物体内多种防卫系统获得抗性（主要表现水杨酸和过氧化氢积累增加），喷洒 30min 后，植株就表现出抵御病原物（真菌、细菌、病毒等）和一些有害生物侵染、危害等生理效应。同时，通过打通植物生长发育相关因子（茉莉酸、乙烯），增强植物生理生化活动（光合作用增强），进而保证作物健壮生长，增加作物产量，提高作物品质，延长农产品货架保鲜期。

产品用法 已登记单剂如 3％超敏蛋白微粒剂，用于番茄、辣椒、烟草，用于抗病、调节生长、增产，500～1000 倍液，喷雾；参 PD20070120。在作物的苗期或移栽期、初花期、幼果期、成熟期，每隔 15～20d 喷洒 1 次。超敏蛋白对氯气敏感，请勿用新鲜自来水配用。不能与 pH 值＜5 的强酸、pH＞10 的强碱以及强氧化剂、离子态药肥等物质混用。启封后在 24h 内使用，与水混合后应在 4h 内使用，喷施 30min 后遇雨不必重喷。使用期间结合正常使用杀虫剂、杀菌剂，则使用效果更佳。避免在强紫外线时段喷施。

低聚糖素（oligosaccharins）

产品特点 低聚糖素是碳水化合物，是特殊的低聚糖，它在植物体内作为信号分子调节植物生长发育及在环境中的生存能力。由于植物能认识明显特异性的低聚糖素并对其作出反应，当低聚糖素进入植株体内后，诱导植物产生苯丙氨酸解氨酶、过氧化酶、多酚氧化酶，合成积累植保素、酚类等抗病性物质（施药后 5～7d 抗性积累到最佳水平），并能使木质素增加、细胞壁增厚，产生过敏反应，以抑制病原菌的生长、繁殖，从而达到防治病害和增加产量的目的。可用于防治各种作物的真菌性病害。

产品用法 已登记单剂如 0.4％水剂，用于小麦，防治赤霉病，亩用 120～150mL，喷雾；参 LS20001477。另有 6％水剂获准登记。

已登记混剂如 22％吡蚜酮·低聚糖素悬浮剂（20％＋2％），

用于水稻，防治稻飞虱、黑条矮缩病，亩用 $20 \sim 30g$，喷雾；参 LS20150071。

极细链格孢激活蛋白（plant activator protein）

产品特点 本品是经极细链格孢菌发酵、提取而制成的。本品是一种具有生物活性的单一、稳定的蛋白质，由 207 个氨基酸组成，分子式 $C_{963}H_{1564}O_{342}N_{280}S_3$，理论分子量（2005 年新原子量标准）22590。当药剂接触到作物器官表面后，可以与植物细胞膜上的受体蛋白结合，引起植物体内一系列相关酶活性增加和基因表达量增强，激发植物体内一系列代谢调控，促进植物根、茎、叶生长，提高叶绿素含量，提高作物产量。

产品用法 已登记单剂如 3％可湿性粉剂，用于白菜，调节生长、增产，1000～2000 倍液，叶面喷施；参 LS20091262。

已登记混剂如 6％氨基寡糖素·极细链格孢激活蛋白可湿性粉剂（3％＋3％），用于番茄、烟草，防治病毒病，亩用 75～100g，喷雾；参 LS20140049。

几丁聚糖（chltosan）

其他名称 壳聚糖、甲壳多聚糖、甲壳糖、氨基多糖、聚葡萄糖胺、壳糖胺、甲壳胺、脱乙酰甲壳质、脱乙酰甲壳素、可溶性甲壳质、可溶性甲壳素、海力源等。

产品特点 几丁聚糖是由海洋生物虾、蟹等的甲壳中提取，经降解而成的（几丁质经浓碱水脱去乙酰基后生成的水溶性产物；脱乙酰度越高，几丁聚糖的品质越好）。化学名称（1→4）-2-氨基-2-脱氧-D-葡聚糖，分子式 $(C_6H_{11}O_4N)_n$。作用机理是改变病原菌细胞膜结构和功能，抑制其生长，从而提高作物防病、抗病等免疫功能。

几丁质（又称甲壳质、甲壳素、壳多糖、明角质、聚乙酰氨基葡糖等）是自然界中的一种含氮多糖类生物性高分子化合物，广泛存在于甲壳类动物的外壳、昆虫的甲壳、软体动物的器官、真菌的胞壁中，也存在于一些绿藻中。

产品用法　已登记单剂如 0.5％、2％水剂，0.5％可湿性粉剂，0.5％悬浮种衣剂。首家登记证号 LS2001737。0.5％水剂，用于小麦，调节生长、增产，使用浓度 300～500mg/kg，拌种；参 LS2001737。0.5％水剂，用于黄瓜，防治霜霉病，亩用 100～166.7mL，喷雾；用于黄瓜，防治白粉病，稀释 100～500 倍液，喷雾；参于番茄，防治病毒病，亩用 100～166.7mL，喷雾；参 LS20090388。2％水剂，用于番茄，防治晚疫病，亩用 100～150mL，喷雾；参 LS20030670。0.5％可湿性粉剂，用于黄瓜，防治白粉病、霜霉病，亩用 80～120mL，喷雾，参 LS20140117。0.5％悬浮种衣剂，用于玉米，调节生长、增产，1:（30～40）（药种比），种子包衣；参 LS20110163。

已登记混剂如 46％几丁聚糖·咪鲜胺水乳剂（1％＋45％）、45％几丁聚糖·戊唑醇悬浮剂（2％＋43％）；参 LS20110340、LS20120053。

葡聚寡糖素（heptaglucoside）

产品用法　已登记单剂如 2.8％水剂，用于大豆，防治病毒病，120～150mL，喷雾；参 LS20001533。

葡聚烯糖

产品用法　已登记产品如 0.5％可溶粉剂，用于番茄，防治病毒病，亩用制剂 100～125.3mL，喷雾；参 LS20052487。

香菇多糖（fungous　proteoglycan）

其他名称　菇类蛋白多糖等。

产品特点　对病毒起抑制作用的主要组分是食用菌菌体代谢产生的蛋白多糖。主要成分是菌类多糖，其结构为葡萄糖、甘露糖、半乳糖、木糖并挂有蛋白质片段。为预防性抗病毒剂。本品用作抗病毒剂在国内为首创，由于制剂内含有丰富的氨基酸，因此施用后不仅抗病毒还有明显的增产作用。

产品用法　已登记单剂如 0.5％水剂，用于番茄，防治病毒病，亩用 166～250mL，喷雾；参 LS95578、LS97721、LS97761。

已登记混剂如 2.75％香菇多糖·井冈霉素水剂（0.25％＋2.5％），用于水稻，防治纹枯病，亩用 24～51mL，喷雾；参 PD20121997。

第九节 ┃ 杀菌剂混剂 》》》

混用是指一种杀菌剂与另外的杀菌剂或其他类型的农药混配在一起施用。混用不仅是杀菌剂科学使用的研究课题，而且是杀菌剂深度开发的潜力所在。早在杀菌剂发展初期人们就注意到了杀菌剂混用的作用。

一、混用的形式

（1）现混　田间现混，及时使用。即通常所说的现混现用或现用现混，这种方式在生产中运用得相当普遍，也比较灵活，可根据具体情况调整混用品种和剂量。应随混随用，配好的药液和药土等不宜久存，以免减效。

（2）桶混　工厂桶混，按章使用。有些杀菌剂之间现混现用不方便，但又确实应该成为伴侣，厂家便将其制成桶混制剂（罐混制剂），分别包装，集中出售，群众形象地称之为"子母袋""子母瓶"。我国杀虫剂和除草剂桶混剂已有登记，而尚未有杀菌剂桶混剂获准登记。1997 年我国首个杀虫剂桶混剂 0.2％苦参碱水剂＋1.8％鱼藤酮乳油桶混剂（绿之宝）获准登记，用于甘蓝，防治菜青虫；参 LS97621。国产除草剂桶混剂实现零的突破是在 1998 年。市面上有一些号称"双胞胎""双联袋"的产品并未取得"准生证"，严格来讲是不合法的产品。

（3）预混　工厂预混，直接使用。系由工厂预先将两种以上杀菌剂混合加工成定型产品，用户按照使用说明书直接投入使用。对于用户来说，使用这种混剂与使用单剂并无二样。在各组分配比要求严格，现混现用难于准确掌握，或吨位较大，或经常采用混用的情况下，都以事先加工成混剂为宜。若混用能提高化学稳定性或增加溶解度，应尽量制成混剂。

二、混用的范围

1. 杀菌剂与杀菌剂混用

（1）化学杀菌剂＋化学杀菌剂　如苯醚甲环唑＋丙环唑、嘧菌酯＋百菌清、吡唑醚菌酯＋代森联。

（2）化学杀菌剂＋生物杀菌剂　如苯醚甲环唑＋中生菌素、丙环唑＋井冈霉素、三环唑＋春雷霉素。

（3）生物杀菌剂＋生物杀菌剂　如井冈霉素＋蜡样芽孢杆菌。

（4）无机杀菌剂＋有机杀菌剂　如氢氧化铜＋多菌灵。

（5）无机杀菌剂＋无机杀菌剂　这类混剂尚无产品获准登记。

（6）有机杀菌剂＋有机杀菌剂　如甲霜灵＋代森锰锌。

（7）内吸性杀菌剂＋触杀性杀菌剂　如苯醚甲环唑＋咯菌腈、烯酰吗啉＋硫酸铜钙。

（8）治疗性杀菌剂＋保护性杀菌剂　如甲霜灵＋代森锰锌。

（9）杀真菌剂＋杀细菌剂或杀病毒剂　如嘧菌酯＋噻唑锌。

（10）高等真菌杀菌剂＋低等真菌杀菌剂　如咪鲜胺＋烯酰吗啉。

（11）此类作用机理杀菌剂＋彼类作用机理杀菌剂　如吡唑醚菌酯＋代森联。

（12）此类化学结构杀菌剂＋彼类化学结构杀菌剂　如苯并咪唑类的多菌灵＋三唑类的三唑酮。

（13）某类化学结构杀菌剂＋同类化学结构杀菌剂　如三唑类的苯醚甲环唑＋三唑类的丙环唑。这类混剂不多。

（14）化学杀菌剂＋生物化学农药杀菌剂　如咪鲜胺＋几丁聚糖。

（15）生物杀菌剂＋生物化学农药杀菌剂　如井冈霉素＋香菇多糖。

（16）生物化学农药杀菌剂＋生物化学农药杀菌剂　如氨基寡糖素＋极细链格孢激活蛋白。

2. 杀菌剂与其他类型的农药混用

（1）杀菌剂＋杀线虫剂　如咪鲜胺＋杀螟丹。

（2）杀菌剂＋杀虫剂　如三唑酮＋吡虫啉、井冈霉素＋杀虫双。

（3）杀菌剂＋植调剂　如盐酸吗啉胍＋羟烯腺嘌呤。

三、混用的功效

混用并非胡拼乱凑或盲目掺和，而是有一定目的的（可概括为"三提三效"，即提高药剂效能、提高劳动效率、提高经济效益），具体说来有下列几大功效，不过并非所有混用都兼具全部的功效。

（1）扩谱　扩大杀菌范围。迄今为止，人们尚未研制成功所向披靡的"全能型"杀菌剂，每种杀菌剂都只能防除一类、一种或某些生长发育阶段的有害生物，即有一定的防治谱（防治范围）。混用可以扬长避短，取长补短，相辅相成，扩大防治范围，兼而杀之，一药多治。

（2）增效　增强防治效果。杀菌剂混用能增强对有害生物的防治效果。

（3）降害　降低药剂毒害。杀菌剂混用后的用量一般均低于其单用时的剂量，因而可减轻对当季、旁邻、后茬作物的毒副影响。

（4）延期　延长施药时期。

（5）节省使用成本　有些杀菌剂混用具有增效作用，这可降低某一种或各种杀菌剂的用量，从而节省金钱。

（6）克服病菌抗性　作用机制各异的杀菌剂混用后，作用位点增多，可延缓或克服有害生物抗药性的产生或增强，延长杀菌剂品种的使用年限。

（7）减次　减少施药次数。几种杀菌剂混用后，一次施用下去，减少施药次数，节省人力物力，从而提高劳动效率。

（8）强适　强化适应性能。有些杀菌剂混用后可增强对环境条件和使用技术的适应性。有些杀菌剂混用后能提高控害速度，缩短控害时间。

（9）挖潜　挖掘品种潜力。研制开发混剂，可充分挖掘杀菌剂潜力，让老品种"缓老还童"甚至"起死回生"，延长新品种和老品种的使用期限（有些新品种上市之初即以混剂面市）。

四、混用的类型

按配伍杀菌剂的成分个数分类，分为 3 类。

（1）二元类型　两种农药混用（其中杀菌剂一种或两种），如 30%苯醚甲环唑·丙环唑乳油（15%＋15%）。

（2）三元类型　三种农药混用（其中杀菌剂一种至三种），如 23%吡虫啉·咯菌腈·苯醚甲环唑悬浮种衣剂（20%＋1%＋2%）、11%精甲霜灵·咯菌腈·嘧菌酯悬浮种衣剂（3.3%＋1.1%＋6.6%）。含 1～2 种杀菌剂的三元预混剂很多，而含 3 种杀菌剂的三元预混剂则罕见。

（3）多元类型　三种以上农药混用（其中杀菌剂一种以上），这种情况目前生产上有且多见，但还没有一种这样的预混剂获准登记。

五、混用的原则

杀菌剂混用并非信手拈来，随意而为，必须遵循一定原则，否则会造成种种不良后果。

（1）成分稳定　混用后各有效成分应不发生化学反应，否则会造成减效甚至失效。

（2）性状保持　混用后的乳化性、分散性、润湿性、悬浮性等物理性状应不消失、不衰减，最好还能有所加强。

（3）毒害不增　混用后毒性、残毒、药害等不能增大。

（4）效用匹配　杀菌剂混用，至少应有加成作用，最好有增效作用，切忌相互之间拮抗。

六、预混剂组合

2007 年末农业部发布 1024 种混剂组合及其简化通用名称，后又增加发布 258 种，累计 1282 种。

到 2013 年底，获准我国农业部登记的杀菌剂产品 6959 个，其中原药 642 个、制剂 6317 个；涉及企业 1080 家、有效成分 186 个、混剂组合 363 个；登记作物 85 种，防治对象 302 种。

到 2015 年底，获准登记的有效期内产品 34311 个，其中原药 4046 个、制剂 30265 个；涉及企业 2231 家，有效成分 661 个。在制剂产品中，单剂约占 66%，混剂约占 34%（混剂组合逾 1450 种），杀菌剂混剂组合逾 380 个。

第四章
杀菌剂使用技术 »»»

第一节 | 杀菌剂使用要领 »»»

虽然杀菌剂比杀虫剂"温柔"，但它毕竟属于农药，是药三分毒，所以必须善待它，科学合理使用它。使用杀菌剂有三项基本原则——安全、高效、经济。安全是前提，高效是关键，经济是目标。安全指的是对作物、人畜、天敌、生态环境无污染伤害或少污染伤害；高效指的是大量杀灭有害生物，压低有害生物密度，使作物免遭危害或少受危害；经济指的是投入少，产出高。

怎样使用才符合上述三项基本原则呢？答案为看作物"适类"用药、看病害"适症"用药、看天地"适境"用药、看关键"适时"用药、看精准"适量"用药、看过程"适法"用药。这就是杀菌剂的使用要领，可概括为"六看"或"六适"。

一、看作物"适类"用药

使用杀菌剂，安全放第一，千万要看清作物的具体种别类属，"适类"用药。总体上来说，杀菌剂对作物的安全性很高，但不少品种仍需谨慎，例如春雷霉素对大豆有轻微药害，在邻近大豆田使用时应注意。

二、看病害"适症"用药

1. 有害生物种别类属

目前人们尚未研制成功所向披靡的"全能型"杀菌剂，每种杀菌剂都只能防治一类、一种的有害生物，例如苯醚甲环唑只能防治高等真菌病害，甲霜灵只能防治低等真菌病害。即使是杀菌谱很广的杀菌剂，例如代森锰锌（有的资料说能防治 100 多种作物上的 400 多种病害），也不能将所有有害生物一扫而光。

（1）有害生物物种　有害生物种类繁多，选择杀菌剂时，需弄清有害生物的物种名称，即若要防治有害生物，必须认得有害生物。

（2）有害生物属别　有害生物的属别不同，对同一种杀菌剂的反应有可能不同。

（3）有害生物科别　有害生物的科别不同，对同一种杀菌剂的反应有可能存在很多差异。

（4）有害生物类群　有害生物可按亲缘关系、生命周期、外部形态等进行分类，选择杀菌剂时，需弄清有害生物的具体类群。

2. 有害生物生长状况

（1）生育阶段　防效高低与有害生物生育阶段（如病害发生发展阶段）密切相关。

（2）生长态势　防效高低与有害生物生长状态和发展趋势密切相关。

3. 有害生物抗性情况

有害生物产生抗药性后，应采取更换杀菌剂品种、搭配使用、混合使用等措施，以确保防治效果。

三、看天地"适境"用药

1. 气候条件

使用杀菌剂要不违天时（适宜的气候条件）。气候环境条件包括太阳光照、空气温度、空气湿度、大气降水、空气流动等因素。杀菌剂防效高低与气候条件密切相关。

2. 土壤条件

凡事讲求天时、地利、人和，使用杀菌剂要因地制宜，充分发挥地利（土地对农业生产的有利因素）。土壤环境条件包括土壤温度、土壤湿度、土壤质地、土壤有机质、土壤微生物、土壤酸碱度、土壤养分、土壤空气、土壤农药残留等。

四、看关键"适时"用药

使用杀菌剂必须掌握好最适或最佳的施药时期，抓准、抓紧时机施用杀菌剂。杀菌剂的施用时期可用下列 6 种指标来表述，具体到某一种杀菌剂，其施药时期通常只用其中 1～3 种指标来表述即可。

1. 施用时节

有的杀菌剂对环境条件要求不甚严格，一年四季均可使用；有的则只能在特定季节使用。

2. 施用时段

直播作物的栽培管理通常分播种之前、播后苗前、出苗之后等 3 个阶段进行，育苗移栽作物通常分移栽之前、移栽之后等两个阶段进行。对应作物的栽培管理来说，杀菌剂的施用分为播栽之前、播后苗前、生长期间 3 个时段。

3. 施用时序

杀菌剂宜在作物最安全、有害生物最敏感的时候施用，其施用时序以作物生育进程或有害生物生育进程为参照。

4. 施用时日

在干旱、刮风、下雨、有露水等天气恶劣的日子里不要施用杀菌剂。

5. 施用时辰

晴天一般选择气温低、风小的早晚（上午 10 时前和下午 4 时后）施药，阴天全天可进行。有的人认为，中午气温高，施药效果好，其实不然。

6. 施用时距

（1）施种时距　指施用杀菌剂距离当茬或后茬作物种植的

时间。

（2）施萌时距　指施用杀菌剂距离作物萌发出苗的时间。

（3）施管时距　指施用杀菌剂距离可以开展田间管理的时间。

（4）施收时距　指最后一次施用杀菌剂距离作物收获的时间，即通常所说的安全间隔期。2007 年发布的《农药标签和说明书管理办法》第十五条规定，"产品使用需要明确安全间隔期的，应当标注使用安全间隔期"，例如 10％苯醚甲环唑水分散粒剂"防治番茄早疫病，按登记批准剂量，发病前或初期，叶面喷雾；一季作物最多施用 2 次，安全间隔期 7 天"。

（5）施降时距　多数杀菌剂施药后至少 4h 内无雨才能保证药效。

（6）施施时距　又称连用时距。某些杀菌剂与其他杀菌剂（或其他非杀菌剂）之间非但不能混用，就是连用也要求间隔一定时间、遵循一定顺序。

五、看精准"适量"用药

杀菌剂的药效和药害均与其使用剂量、使用浓度、使用次数、使用批次等 4 个"量"密切相关，因此，使用杀菌剂必须精益求精，"适量"用药。《农药标签和说明书管理办法》第十七条规定："使用剂量以每亩使用该产品的制剂量表示。种子处理剂的使用剂量采用每 100 公斤种子使用该产品的制剂量或者稀释倍数表示。特殊用途的农药，使用剂量的表述应当与农药登记批准的内容一致。"

1. 使用剂量

单位面积上所用杀菌剂之有效成分或商品制剂的数量叫作使用剂量，又叫施药剂量、用药剂量、使用量、施药量、用药量、用量、药量、剂量等。面积的计量单位有公顷（hm^2）、亩（有的资料写作 mu）、米^2（m^2）等。杀菌剂数量的计量单位有克（g）、千克（kg）、毫升（mL）、升（L）等。

杀菌剂使用剂量的表述方式有"有效量""制剂量" 2 种。由于有效量很不方便计算，国家规定标签上的使用剂量为制剂量。

（1）有效量　指单位面积上所用杀菌剂有效成分的数量，又叫有效成分用量、有效用量等。计量单位一般为克（有效成分）/公顷，符号 g（a.i.）/hm²。杀菌剂登记证上的用量为有效量，见表 4-1。

表 4-1　两种丙环唑单剂的登记情况

产品规格	登记作物	防治对象	有效成分用药量	施用方法	登记证号
25%乳油	小麦	锈病	93.75～125g/hm²	喷雾	PD20060028
25%乳油	小麦	锈病	131～169g/hm²	喷雾	PD20070412

（2）制剂量　指单位面积上所用杀菌剂商品制剂的数量，又叫商品制剂用量、商品用量、制剂用量等。计量单位有克/公顷（g/hm²）或克/亩（g/亩）、毫升/公顷（mL/hm²）或毫升/亩（mL/亩）等。标签上的用量为制剂量。

2. 使用浓度

杀菌剂经稀释配制后所成混合物中杀菌剂有效成分或商品制剂的数量叫作使用浓度。杀菌剂使用浓度的表述方式有 3 种。

（1）百万分浓度　以有效成分的百万分数表述。百万分浓度过去称作 ppm 浓度，现改用 mg/L 或 mg/kg 等计量单位来表示。例如成都绿金生物科技有限责任公司生产的 40%咪鲜胺水乳剂，登记用于柑橘树防治炭疽病的使用浓度为 267～400mg/kg，参 PD20141339。

（2）百分浓度　以有效成分的百分数表述。

（3）稀释倍数　以商品制剂的稀释倍数（稀释倍数等于稀释物数量除以商品制剂数量）表述。若稀释倍数小于 100，配制时应扣除杀菌剂所占的 1 份；若大于 100 则可不扣除杀菌剂所占的 1 份。

百万分浓度与稀释倍数之间的换算关系为：百万分浓度＝产品含量×1000000÷稀释倍数，稀释倍数＝产品含量×1000000÷百万分浓度。为了计算简便，第二个公式可以转化为：稀释倍数的"千数"＝杀菌剂产品百分含量的"分子数"×10÷百万分浓度数。例如 40%咪鲜胺水乳剂，登记用于柑橘树防治炭疽病的使用浓度为 267～400mg/kg，经计算，稀释倍数的"千数"＝40×

$10 \div 267 = 1.5$ 或者 $40 \times 10 \div 400 = 1$，即稀释倍数为 1500～1000 倍。

3. 使用次数

《农药合理使用准则》对杀菌剂"常用药量、最高用药量、最多使用次数（每季作物）"等有明确规定，例如 10% 苯醚甲环唑水分散粒剂防治番茄早疫病，每亩用 67～100g，按登记批准剂量，发病前或初期，叶面喷雾；一季作物最多施用 2 次，安全间隔期 7d。《农药标签和说明书管理办法》第十八条规定："安全间隔期及农作物每个生产周期的最多使用次数的标注应当符合农业生产、农药使用实际。"

4. 使用批次

同样多的杀菌剂药量，是一次性使用下去好，还是分成几次使用为好呢？这需根据杀菌剂特点和病害种类、病情、环境等而定。有人认为使用剂量越大防治效果越好，其实不然。

5. 使用剂量与使用浓度

这是两个不同的概念，千万不要搞混淆了。使用剂量＝杀菌剂的数量÷使用面积，使用浓度＝杀菌剂的数量÷配制后混合物的数量。杀菌剂的使用效果主要取决于使用剂量，也与使用浓度有关。

6. 使用剂量的登记核准

杀菌剂产品标签上的使用剂量是经过农业部登记核准的。不同杀菌剂的登记用量存在着差异。就是对同一种杀菌剂而言，其登记用量也可能会因为生产厂家、有效含量、加工剂型、配方工艺、作物品类、防治对象、地理位置、施用时期、施用方式、施用方法等不同而有出入。

7. 使用剂量的酌情敲定

杀菌剂产品标签和技术资料所提供的有效（推荐、建议、参考、登记）使用剂量大多有一定幅度。例如 10% 苯醚甲环唑水分散粒剂登记用于三七，防治黑斑病，每亩用 30～45g，参 PD20085870。具体到一个地区或一块农田，怎样确定具体的、适宜的使用剂量呢？一要仔细阅读正确理解标签，二要虚心请教专业技术人员，三要坚持试验示范推广原则，四要根据具体情况作出抉择。这里所说的具体情况涵盖以下多个方面。

（1）病害情况　包括有害生物的种别类属、生育阶段、生长态势、抗性情况等。

（2）环境情况　环境情况复杂多变，包括气候条件（太阳光照、空气温度、空气湿度、大气降水、空气流动）和土壤条件（土壤温度、土壤湿度、土壤质地、土壤有机质、土壤微生物、土壤酸碱度、土壤养分、土壤空气、土壤农药残留）等因素。

（3）作物情况　包括作物的种别类属、生长状况、耕制布局、栽培方式、农事田管等。

（4）药剂情况　包括施用时期、施用方式、施用方法、混用配方、使用历史等，例如凡当地未曾使用过或使用时间不长的杀菌剂，一般取低剂量，这有利于降低成本，延缓抗性，因此一些厂家告诫说："建议用量已能提供良好防效，不要使用过高剂量，超量使你浪费金钱。"

六、看过程"适法"用药

良药需良法，用药须有方，得法者事半功倍，这里所说的"法"包括施用方式、施用方法、施用方技 3 个层面。

1. 施用方式

施用方式指的是将杀菌剂送达目标场所的总体策略。长期以来，很多人不区分施用方式与施用方法，有的甚至混为一谈，其实它们是两个完全不同的概念，是两个层面上的东西。施用方式是战略考虑，是宏观的；施用方法是战术运用，是微观的。施用方式的种类很少，而施用方法的种类颇多。一种施用方式可以由多种施用方法来实现，例如作土壤处理可以采取喷雾或毒土等方法。有时施用方式和施用方法连在一起表述，例如土壤喷雾、茎叶喷雾。杀菌剂施用方式的类型见表 4-2。

表 4-2　杀菌剂施用方式的类型

分类标准	施用方式	具体操作
按照作业 靶标分类	土壤处理	将杀菌剂施用于土壤表面或土壤耕层
	茎叶处理	将杀菌剂施用于作物茎叶上或茎叶中
	种苗处理	将杀菌剂施用于种苗上
	空间处理	将杀菌剂施用于特定空间内
按照作业 范围分类	全面处理	将杀菌剂施用于整个田间
	苗带处理	将杀菌剂施用于作物苗带
	定向处理	将杀菌剂施用于特定部位
按照作业 位置分类	地面处理	在地面施用杀菌剂
	航空处理	在空中施用杀菌剂
按照作业 时段分类	播栽之前处理	在作物种子播种之前或在苗子移栽之前施用
	播后苗前处理	在作物种子播后苗前或宿根作物出苗前施用
	生长期间处理	在作物出苗后或移栽后作物生长期间施用

2. 施用方法

施用方法指的是将杀菌剂送达目标场所的具体措施。杀菌剂的施用方法有喷雾、喷粉、拌种、浸种、毒土等。

3. 施用方技

将杀菌剂与清水或泥土、细沙、肥料等稀释物掺兑成可施用状态的过程叫作配药，又称稀释配制等。除了少数杀菌剂可以直接施用以外，绝大多数杀菌剂必须经稀释配制之后才能施用。

（1）所需杀菌剂准确称取或量取　需把好 3 关。

① 校正习惯面积。我国很多地方的农民所说的面积是习惯面积，而非标准面积，1 习惯亩（有的称老亩）相当于 $1.2 \sim 1.5$ 标准亩（有的称新亩，1 标准亩约为 $667 m^2$），两者很悬殊。如果将 1 标准亩的杀菌剂用于 1 习惯亩，则用量偏低。可见校正习惯面积是非常必要的。

② 折算商品用量。当杀菌剂的使用剂量以有效量表述时，在称取或量取杀菌剂之前应按相关公式将有效用量折算成商品用量。

③ 选择称量器具。目前杀菌剂用户普遍缺乏必要的和严格的称量手段，有的凭肉眼或凭经验加估计进行称量，有的利用非专用计量器具进行称量。少数厂家为了方便用户，随产品附赠称量器具或者将产品包装的一部分做成称量器具。应大力发展定量小包装杀

菌剂产品，例如 1 包杀菌剂对 1 桶清水、1 包杀菌剂用于 1 亩土地。

（2）杀菌剂兑水量或喷液量的确定　杀菌剂加水配制成的供喷雾施用的药液叫喷施液（又称喷雾液或喷液）。怎样确定兑水量或喷液量呢？

① 初定。选定兑水量需考虑药剂性能、有害生物、环境条件、使用技术等诸多因素。

② 校定。喷液量＝喷头流量×行进速度÷有效喷幅。从公式可以看出，任何一个参数改变都会引起喷液量波动。正式喷雾前必须对喷雾压力和喷头流量等技术指标进行校定。

③ 确定。选定兑水量要因药、因害、因时、因地制宜，具体情况具体分析，具体问题具体解决。

（3）稀释配制杀菌剂喷液时的佐料　在杀菌剂使用过程中加入一些适宜的辅助物质，有助于改善药剂的理化性质，提高防治效果，减轻毒害影响，人们形象地称它们为杀菌剂的"佐料"或"调料"。

① 佐料的种类。有 3 类。一是助剂类佐料。以非离子型表面活性剂居多，常用的种类有洗衣粉、油（如柴油、机油等）和润湿剂、渗透剂、增效剂等专用助剂。近年农用有机硅喷雾助剂（品牌如极润、好湿）应用广泛。二是肥料类佐料。用作佐料的肥料主要有尿素、碳铵、硫酸铵、氯化钾等。三是农药类佐料。有些杀虫剂、植物生长调节剂等农药与杀菌剂混用具有良好的增效作用。

② 佐料的作用。杀菌剂使用过程中所加的佐料主要通过增强药剂润湿性、展布性、黏着性、渗透性等理化性能来达到加快作用速度、延长持效时间、提高防治效果、降低毒害影响等目的。

（4）液态使用的杀菌剂的稀释配制　用水将杀菌剂配制成药液，需掌握好 5 个要点。

① 注意选择水质。配药要选用雨水、河水、塘水、田水、自来水等清洁水、软水，不要选用地下水、海水等污浊水、硬水、苦水。无论选用哪种水，最好经过过滤。

② 严格掌握水量。要根据杀菌剂的类型、施药器械种类、施

③ 两次稀释配制。先取少许水将杀菌剂调制成浓稠的母液，再将母液稀释配制成可喷雾的药液，这种方法称为"两次稀释法"或"两步配制法"。操作程序为：第一步，找一个小容器，舀一些清洁水倒入容器内（若配制3喷桶药液就舀3n盅子水，n为自然数），然后加杀菌剂，边加边搅，搅散搅匀；第二步，在喷雾器中装一些水，舀一定量母液倒入喷雾器（每喷桶1n盅子），稍加振荡或搅拌，然后补足水量，再充分振荡或搅拌，即可喷雾。

④ 正确倒水加药。往喷雾器里倒水加药时应分成三步：先倒部分清水，再加全部母液，最后补足规定水量。切忌先加母液后倒清水。清水分两次倒入，母液一次性加完。

⑤ 合理添加佐料。所谓佐料是指润湿剂、渗透剂、增效剂等。

（5）固态使用的杀菌剂的稀释配制　用泥土、细沙、肥料等稀释物将杀菌剂配制成毒土（药土）、毒沙（药沙）、毒肥（药肥），需掌握好3个要点。

① 载体干湿适中。载体含水量控制在60%左右，以手捏成团、手松即散为宜。载体过干过湿都不利于均匀撒施。

② 载体数量恰当。水田采取毒土法施用杀菌剂亩用载体15~25kg。

③ 分次逐步拌匀。先取少量载体与杀菌剂产品或杀菌剂母液拌混，再逐渐加入载体，一步一步扩大，直至拌匀。可湿性粉剂等剂型的杀菌剂可直接与载体拌混（干拌），水分散粒等剂型的杀菌剂和液态杀菌剂须先加水稀释再与载体拌混（湿拌）。拌混后堆闷2~4h，让土粒充分吸收杀菌剂。

（6）现混现用的杀菌剂的稀释配制　现混现用时稀释配制方式，总共有3种。经常采用的是第一种方式。无论采用哪种方式，在每次稀释配制的操作过程中，均应遵循"两次稀释配制"或"分次逐步拌匀"的原则，以保证将杀菌剂与稀释物配制均匀。①逐个稀释直至混完：先稀释一种杀菌剂，再逐次稀释另几种杀菌剂。②分别稀释然后混合：先将几种杀菌剂分别稀释，然后混合稀释液。③先混药剂再稀释：先将几种杀菌剂混合起来，再用稀释物去稀释。

第二节 | 杀菌剂药效提升 >>>

杀菌剂毒杀有害生物的能力叫毒力，灭杀有害生物的效果叫药效，二者统称为毒效，它们是既有联系又有区别的两个概念。毒力反映杀菌剂本身对有害生物直接作用的性质和强度，毒力大小的测定一般是在室内控制条件下进行的（有室内毒力测定之说）；药效反映杀菌剂、作物、环境对有害生物共同作用的结果，药效高低的测定一般是在田间生产条件下进行的（有田间药效试验之说）。毒力测定结果和田间药效表现多数情况下是一致的（即毒力大药效高），有时差异较大，故毒力资料只能供推广上参考而不能作为依据。杀菌剂大面积使用之前必须进行药效试验。我国规定，新杀菌剂登记需按照田间试验、临时登记、正式登记 3 个阶段进行。

一、药效内涵解析

药效是一个内涵极其丰富的概念，可从以下几方面进行解析。

（1）杀害谱 即防治对象的范围。杀菌剂的杀害谱有窄（例如嘧霉胺主要防治高等真菌病害中的灰霉病）、有宽（例如苯醚甲环唑能防治多种高等真菌病害，已获得登记的病害就逾 22 种）。

（2）杀害率 即杀灭有害生物的比率，这就是通常所说的防效的数字。

（3）杀毙状 即杀菌剂将有害生物杀毙后的状况，又称有害生物中毒受害症状，这与杀菌剂的作用方式和作用机理密切相关。

（4）速效性 很多人都希望农药能立竿见影，药到病除，速战速决。有些杀虫剂和除草剂速效性确实优异，例如抗蚜威，施药后数分钟即可迅速杀死蚜虫；又如百草枯，杂草叶片着药后 2～3h 即开始受害变色，1～2d 后杂草枯萎死亡（常用"见效神速、见青倒、见青杀"等词语来形容）；再如唑草酮，喷药后 3～4h 杂草出现中毒症状，2～4d 死亡。从总体上来说，杀菌剂的速效性要差，一般最快也要 2～5d 才显效。

（5）持效性　许多杀菌剂不但能防治施药前后较短一段时间内发生的有害生物，而且能防治施药后较长一段时间才发生的有害生物。杀菌剂对施药后较长一段时间才发生的有害生物所具有的灭杀效果叫持留药效（又称持效或残效），这种效果所延续的时间叫持效期（又称残效期）。杀菌剂的持效期有长有短。持效期的长短与药剂种类、使用剂量、土壤质地、气象条件等密切相关。持效期是决定使用次数和施种时距等的依据。

（6）残留性　绝大多数杀菌剂降解快，使用后"回归自然"，残留期短。

二、药效影响因素

杀菌剂的药效是诸多因素综合作用的结果。杀菌剂的药效既取决于杀菌剂本身的毒力，也受制于有害生物、环境条件、作物等，见表 4-3。

表 4-3　杀菌剂药效的影响因素

药剂	性能特点	
	含量剂型	
	配方工艺	
	使用技术	
	使用历史	
病害	种别类属	有害生物物种、有害生物属别、有害生物科别、有害生物类群
	生长状况	生育阶段、生长态势
	抗性情况	
环境	气候条件	太阳光照、空气温度、空气湿度、大气降水、空气流动
	土壤条件	土壤温度、土壤湿度、土壤养分、土壤空气、土壤质地、土壤有机质、土壤酸碱度、土壤微生物、土壤农药残留
作物	种别类属	
	生长状况	生育阶段、生长态势
	栽培方式	

下面介绍几类杀菌剂提高药效的重要影响因素。

1. 微生物源/活体型杀菌剂

微生物源/活体型杀菌剂的功效与微生物数量和活性密切相关，

在使用时对气象条件和混用条件要求很严格。

（1）避免强光 以使用细菌农药为例，光照过分强烈颇为不利，这是因为阳光中紫外线对芽孢有杀伤作用，使蛋白质晶体变性，从而降低药效。直射阳光照射 30min，芽孢死亡率达 50% 左右，照射 1h 死亡率高达 80%。总之，使用微生物源/活体型杀菌剂要避开强太阳光照射的中午，最好在下午 5 时以后或阴天施用。

（2）掌握温度 以使用细菌农药为例，适宜温度在 20～30℃，这是因为这类农药的活性成分是蛋白质晶体和有生命的芽孢。在低温下，芽孢在病害体内繁殖速度极慢，蛋白质晶体也不易发生作用。据试验，在 25～30℃ 条件下施用的药效比 10～15℃ 时施用高 1～2 倍。

（3）掌握湿度 以使用细菌农药为例，环境湿度越大药效越高，尤其是施用粉状制剂更应注意田间湿度，宜在早晚有露水的时候进行，以利于菌剂较好地黏附在植物茎叶上，并促进芽孢繁殖，提高药效。

（4）避免雨淋 以使用细菌农药为例，中到大雨会将喷洒在植物茎叶上的菌液冲刷掉，降低药效，但如果在施药 5h 后下小雨，则不会降低防效，反而有增效作用，因为小雨对芽孢发芽大为有利。

（5）避免刮风 以使用细菌农药为例，大风天施用细菌农药浪费大，尤其是粉剂飘移损失更多。同时，大风天也不利于芽孢的萌发。故应在无风或微风天施用细菌农药。

（6）对症下药 微生物源/活体型杀菌剂专一性较强，一般只对一种或几种病害起作用，使用前要调查田间病害发生种类，对症下药。

（7）适时早用 施用时期一般比使用化学农药提前 2～3d。

（8）合理混用 忌与酸性或碱性物质混用，因为大多数微生物活体农药遇酸性或碱性物质后生物活性会不同程度降低，从而降低药效。勿与杀菌剂等化学农药混用，因为有益微生物可能会被化学农药杀死。

（9）合理贮存 这类杀菌剂系微生物活体，对贮存条件要求高，防止暴晒和潮湿，以免变质降效甚至失效。

2. 微生物源/抗体型杀菌剂

这类杀菌剂真正起作用的是具有特定化学结构的化学成分，与使用化学农药很接近。部分产品不太稳定（例如井冈霉素容易发霉变质），药液要现配现用，不能长时间贮存。某些产品不能与碱性农药混用，农作物撒施石灰和草木灰前后，也不能施用。

3. 植物源/抗体型杀菌剂

（1）适时早用　这类杀菌剂见效较慢（一般施用后 2～3d 才能观察到效果），在病害发生前预防使用效果最佳，施用时间应比使用化学农药提前 2～3d，切勿等病害发生很重时才用药。

（2）科学配用　病害发生严重时，应当首先施用化学农药尽快降低病害基数，控制蔓延趋势，再配合使用这类杀菌剂。

（3）避免雨淋　这类杀菌剂耐雨水冲刷性能不强，施药后短时间内下雨应当补施，以保证防治效果。

4. 起植物诱导作用的杀菌剂

应把好以下几关：一是适时早用，在病害发生前或发生初期使用，因为寡聚糖类和蛋白类杀菌剂本身对病菌无杀灭作用，而是诱导作物自身对外来有害生物侵害产生反应，提高免疫力，产生抗病性；二是现配现用，药液配好后不能长时间贮存；三是科学施用，施药务必均匀周到。

三、药效试验设计

任何杀菌剂在推广使用之前都必须进行田间试验，即必须坚持试验、示范、推广"三步走"的原则。实验室试验、温室试验（盆栽试验）、田间试验是农业科学试验的 3 种主要形式和方法。实验室试验与温室试验统称为室内试验，田间试验又叫室外试验。温室试验与田间试验均可用于药效研究，但以田间试验为主（有田间药效试验之说）。田间试验是在田间自然生产条件下或一定人为控制条件下进行的试验。我国已制定农药田间药效试验准则国家标准逾 31 个，请遵照执行。

1. 田间药效试验的类型

在田间试验中，安排一个处理的小块地段称为试验小区或小区。按小区面积和试验范围分类，杀菌剂田间药效试验分为田间小区药效试验、田间大区药效试验、田间示范药效试验。

（1）小区试验 习惯上把小区面积小于 $120m^2$ 的田间试验称作小区试验。小区面积通常为 $15\sim50m^2$，全试验区面积 $1\sim3$ 亩。小区试验的目的是获得比较详细的田间药效资料，明确防治对象、使用剂量、施用方法、施用时期等技术指标，验证田间应用情况是否与室内测定结果相符。小区试验要求的条件比较严格，应尽量使各小区的外界条件一致，必要时需添加辅助条件。申请办理杀菌剂登记证必须提供田间小区药效试验报告。

（2）大区试验 小区面积 $333\sim1333m^2$，全试验区面积 15 亩以内。大区试验是供试杀菌剂已有一定技术资料，为了鉴定它在当地气候条件、作物布局和生态环境下是否适用而进行的验证性试验。在田间自然条件下进行即可，不需人为辅助其他条件。

（3）示范试验 又叫大面积示范试验、多点大面积试验。小区面积 15 亩以上，全试验区面积超过 150 亩。示范试验是供试杀菌剂已完成小区和大区试验，已有较齐全的技术资料，已获准农药临时登记，为大面积推广应用作准备而进行的试验。开展示范试验要求试验条件与实际生产条件完全一致，不需人为附加其他辅助条件。

2. 田间药效试验的设计

杀菌剂田间药效试验设计要遵循 4 个基本原则：重复、随机、局控、对照。对照是用来评价试验各个处理优劣的标准，它分为空白对照（不施药对照）、清水对照、标准药剂对照、人工防治对照。"有比较才有鉴别"，开展田间试验必须设置对照。

3. 田间药效试验的调查

药效试验进行后，要及时开展调查，并采用相应标准对药效予以鉴定评价。

（1）取样方法 常用方法有五点取样法、棋盘式取样法、对角线取样法等。可对整个小区进行调查，也可在每个小区随机选择

0.25~1m²进行调查。小区试验每区查3~5点，大区和示范试验查5点以上。样点（样方）面积0.25m²左右或更多。

（2）调查内容　需观察、调查、记录的内容包括有害生物、气象资料、土壤资料、田间管理资料、作物生长发育、作物产量质量、副作用等。应分小区、分样点调查记载。调查有害生物时既可按种或按类分开调查；也可不分种类笼统调查，据此计算而得的药效叫总防效或总体防效。

（3）调查方法　有绝对值调查法（数量调查法）、估计值调查法（目测调查法）2种。绝对值调查法又分为直接计数法、分级计数法。估计值调查法又分为直接目测法、分级目测法，是将每个处理小区与相邻对照小区进行比较，估计有害生物的总种群量或各种有害生物的种群量，用病丛率、病株率、病叶率、病情指数等指标表示，据此评价药效。

第三节 ┃ 杀菌剂药害预防 ≫≫≫

作物受杀菌剂的压迫性作用，生理、组织、形态上发生一系列变化，脱离正常生长发育状态，表现出异常特征，从而降低了对人类的经济价值，这种现象叫作杀菌剂药害。简而言之，杀菌剂药害是杀菌剂对作物的损害作用，是杀菌剂应用过程中的"意外事故"。某些杀菌剂施用后，短期内作物不可避免地会产生一些异常现象，但很快恢复正常。这些现象是杀菌剂品种本身的特性所致，由于不造成作物产量和品质影响，未降低对人类的经济价值，因此不视其为药害。有的病害、虫害、肥害、其他农药药害、环境污染危害易与杀菌剂药害混淆，要注意区分。

农药药害产生的原因错综复杂，多种多样，大致分为药剂、环境、作物等3个方面的原因。对于具体药害而言，可能由某一方面的某一种或某几种原因引起，也可能由某几方面的某几种原因引起。杀菌剂对作物的安全性高，不易产生药害，如果不慎产生药害，可按农药药害原因探析路径寻找真正的原因，见表4-4。

表 4-4 杀菌剂药害原因探析路径

本畴药害	当季用药	药剂		生产环节
				经营环节
				运输环节
				贮存环节
				监管环节
			使用环节	使用时期
				使用剂量
				使用方法
		环境		气候条件
				土壤条件
		作物		种别类属
				生长状况
				耕制布局
				栽培方式
				农事田管
	前茬残留			
外畴药害	药剂飘移			
	药剂串动			

第四节 | 杀菌剂选用指南 ⟫⟫⟫

农业部全国农业技术服务推广 2009～2013 年对主要农作物有害生物种类调查结果表明，确认我国有害生物种类数量 3238 种，其中病害 599 种，害虫 1929 种，杂草 644 种，害鼠 66 种。2015 年出版的《中国农作物病虫害》第 3 版涉及 1665 种农业病虫草鼠害，其中病害 775 种，害虫 739 种，杂草 109 种，害鼠 42 种。这么多的病害，这么多的杀菌剂，如何科学选用呢？

一、防治真菌病害的杀菌剂

1. 霜霉病

许多作物都会罹患霜霉病，包括水稻也有霜霉病（又叫水稻黄化萎缩病）。

卵菌纲病菌是蔬菜、西瓜、马铃薯、葡萄、荔枝等的主要病害的菌源，引发霜霉病、疫霉病、晚疫病、疫病、霜疫霉病等病害。三乙膦酸铝、霜霉威、霜脲氰、烯酰吗啉、甲霜灵、噁霜灵，甲氧基丙烯酸酯类的嘧菌酯、肟菌酯、吡唑醚菌酯等，还有氰霜唑、氟啶胺、双炔酰菌胺、氟吡菌胺等都是防治卵菌纲病害的杀菌剂。它们各有特点，要正确选用。

三乙膦酸铝对霜霉病防效很好，对疫霉病效果差，且目前抗性严重。

霜霉威喷雾叶面处理时吸收差，主要用于灌根。此外对由单轴霉属病菌引起的葡萄霜霉病基本无效。

霜脲氰对各种霜霉病、疫霉病效果好，使用多年病菌没有产生抗药性。但该药持效期短，仅为 3d 左右。由于其内吸传导性有限，需要上下喷透，以免没有喷到药的部位感染发病。

烯酰吗啉是一个保护、治疗兼有的药剂，药效期比霜脲氰长，但内吸传导性比霜脲氰更差。目前病菌对其抗药性不严重。

甲霜灵有很好的内吸传导性，且喷药后吸收迅速。但因作用位点单一，病菌抗药性严重。温室大棚因为具有封闭性，马铃薯则因施药次数频繁，抗性严重。反之露地栽培的瓜菜等，病菌的抗性基因和敏感基因得以经常交流，抗性较轻。一年中春季或作物用药早期，抗药性较低。

噁霜灵的特性与甲霜灵相似。

上述药剂都属治疗剂。保护剂有代森锰锌、百菌清和甲氧基丙烯酸酯类的嘧菌酯、肟菌酯、吡唑醚菌酯等，以及氟啶胺、氰霜唑、氟吡菌胺、双炔酰菌胺等。

代森锰锌和百菌清是广谱保护剂，不仅对卵菌纲病害有效，对其他病害也有效，但效果都一般。由于这两种药不会产生抗性，故各种治疗剂多数复配了代森锰锌或百菌清。

嘧菌酯、肟菌酯因有一定的内吸性，具有有限的治疗作用。吡唑醚菌酯没有内吸性，是严格意义的保护剂。这类药剂对霜霉病高效，对疫霉病效果一般。该类药剂更长于防治高等菌病害。这类药剂是容易产生抗药性的药剂。

防治卵菌纲病害较好的药剂还有氟啶胺、氰霜唑。这两种都是保护剂，但氰霜唑的效果好于氟啶胺，而氟啶胺在防治卵菌纲病害的同时，可兼治一些高等菌病害。

氟吡菌胺和双炔酰菌胺，前者单用效果不佳，故以复方面市，混剂配方如氟吡菌胺·霜霉威盐酸盐混配制剂，后者是单剂。这两个化合物对卵菌纲的多种病害高效。氟吡菌胺更长于防治霜霉病，双炔酰菌胺更长于防治疫霉病。氟吡菌胺·霜霉威盐酸盐因为是保护剂与治疗剂复配，在病害已经发生时使用效果较好。双炔酰菌胺的药效稳定且持效期特别长，但因为是单一保护剂，故需提前使用。当能够做到发病前使用时，效果很好。如已经发病，双炔酰菌胺需现配现用治疗剂如甲霜灵、霜脲氰、烯酰吗啉，混配使用时效果极佳。双炔酰菌胺和氟吡菌胺尽管没有内吸传导能力，没有治疗性，但两者都有透叶能力，即喷雾在叶片正面，叶背病菌也无法感染。这是与氟啶胺和氰霜唑的主要区别，氟啶胺和氰霜唑是没有透叶能力的。双炔酰菌胺、氟吡菌胺、氰霜唑、氟啶胺等4种药剂都是不易发生抗药性的药剂。目前防治卵菌纲病害即霜霉病、疫霉病、晚疫病、霜疫霉病时应首推这四种药剂，或采用这4种药剂混用搭配治疗剂；并根据病害发生情况，农户的规模大小及其喷雾质量，特别是用水量多少推荐不同药剂。

2. 疫病

"疫病"的释义为"流行性传染病"。因此，从字面上即可看出，植物疫病是非常重要的一类病害，它一旦发生流行，控制的难度极大，危害损失惨重。

本文所说的植物疫病，其外延有宽有窄。

从广义上说，指的是由疫霉属真菌引起的、名称末尾不一定为"疫病"两字的植物病害和由其他病原物引起的、名称末尾为"疫病"两字的植物病害。

从中义上说，指的是名称末尾为"疫病"两字的植物病害。

从狭义上说，指的是由疫霉属真菌引起的、名称末尾为"疫病"两字的植物病害。

（1）植物疫病的病原种类　引起植物疫病的病原物有2大类

（真菌、细菌）、4 小类（疫霉属真菌、链格孢属真菌、欧文氏菌属细菌、黄单胞菌属细菌），见表 4-5。

表 4-5　植物疫病的类型与种类

病原类型		病原属名	病害名称格式	病害举例
真菌	高等真菌	链格孢属	……早疫病	番茄早疫病
			……叶疫病	草莓叶疫病
	低等真菌	疫霉属	……疫病	芋疫病
				西瓜疫病
				黄瓜疫病
				南瓜疫病
				草莓疫病
				辣椒疫病
			……晚疫病	番茄晚疫病
				马铃薯晚疫病
			……绵疫病	茄绵疫病
			……瘟病	胡椒瘟病
			……心腐病	菠萝心腐病
			……根腐病	人参根腐病
			……基腐病	苹果基腐病
			……脚腐病	柑橘脚腐病
			……黑胫病	烟草黑胫病
			……溃疡病	橡胶树条溃疡病
			……斑马纹病	剑麻斑马纹病
细菌		欧文氏菌属	……疫病	栎疫病
			……火疫病	梨火疫病
		黄单胞菌属	……细菌性疫病	菜豆细菌性疫病
合计		4 属	16 种	22 种

（2）植物疫病的名称特点　有些植物疫病的名称末尾为"疫病"两字，如芋疫病、番茄晚疫病；有些植物疫病的名称末尾不是"疫病"两字，如人参根腐病、烟草黑胫病。

（3）植物疫病的寄主类型　蔬菜、棉花、果树、花卉、中药材、林木等多种植物均可发生疫病。

（4）植物疫病的发病部位　根、茎、叶、花、果实等部位均可发病。

（5）植物疫病的防治药剂　防治由疫霉属真菌引起的疫病，所选药剂与防治霜霉病的相近。

下面列举一些重要高等真菌病害和低等真菌病害的杀菌剂选用指南，见表 4-6。

表 4-6   防治真菌病害的杀菌剂选用指南

类型	名称	药剂
高等真菌病害	菌核病	登记防治菌核病的杀菌剂逾 10 种有效成分（如菌核净、乙烯菌核利、异菌脲、腐霉利、咪鲜胺、咯菌腈、盾壳霉 ZS-1SB）、120 个产品
	炭疽病	登记防治炭疽病的杀菌剂逾 15 种有效成分（如嘧菌酯、苯醚甲环唑、咪鲜胺、溴菌腈、二氰蒽醌）、622 个产品
	白粉病	登记防治白粉病的杀菌剂逾 15 种有效成分（如硫黄、矿物油、嘧菌酯、醚菌酯、氟菌唑、戊唑醇、粉唑醇、四氟醚唑、苯醚甲环唑、乙嘧酚磺酸酯）、365 个产品
	灰霉病	登记防治灰霉病的杀菌剂逾 15 种有效成分（如啶酰菌胺、嘧霉胺、异菌脲、腐霉利、咯菌腈、啶菌噁唑、乙霉威、克菌丹、枯草芽孢杆菌）、365 个产品
	黑……病	登记防治黑星病、黑斑病、黑痘病等带"黑"字病害的杀菌剂，称之为"打黑英雄"。已登记杀菌剂逾 50 种有效成分、700 个产品。如苯醚甲环唑
低等真菌病害	立枯病	登记防治立枯病的产品逾 270 个，以种子处理剂居多。如噁霉灵
	霜疫霉病	登记防治霜疫霉病的杀菌剂逾 10 种有效成分（如代森锰锌、嘧菌酯）、73 个产品
	霜霉病	登记防治霜霉病的产品逾 1350 个。如甲霜灵
	疫病、晚疫病	登记防治由低等真菌引起的疫病、晚疫病的产品逾 830 个。如烯酰吗啉
	猝倒病	登记防治猝倒病的产品逾 35 个。如乙酸铜、霜霉威
	根腐病	登记防治根腐病的产品逾 100 个，以种子处理剂居多。如福美双、咯菌腈
	根肿病	登记防治根肿病的杀菌剂逾 2 种有效成分（氟啶胺、枯草芽孢杆菌）、6 个产品

二、防治细菌病害的杀菌剂

有些细菌病害的名称中含有"细菌性""溃疡病""青枯病"等字眼，例如水稻细菌性条斑病、黄瓜细菌性角斑病、柑橘溃疡病；而有的细菌病害名称中不含这些字，例如水稻白叶枯病。

据估计，我国细菌病害市场规模超过 20 亿，成为农药行业细分市场的一片蓝海。防治细菌病害的杀菌剂有 20 多种，分属 6 大类：无机铜类（如氢氧化铜、氧化亚铜、氧氯化铜、波尔多液、硫酸铜钙）、有机铜类（如噻菌铜、络氨铜、松脂酸铜、琥胶肥酸铜、乙酸铜、壬菌铜、喹啉铜、噻森铜、柠檬酸铜）、噻唑类（如噻唑锌、叶枯唑）、活体微生物类（如荧光假单胞菌、多黏类芽孢杆菌、枯草芽孢杆菌、芽孢杆菌）、抗生素类（如四霉素、春雷霉素、中生菌素）、其他（如代森铵、辛菌胺、噻霉酮、噻菌茂、三氯异氰尿酸、氯溴异氰尿酸、乙蒜素、申嗪霉素）。

2011 年 5 月，第八届全国农药登记评审委员会第九次会议决定，停止受理和批准硫酸链霉素的新增田间试验、农药登记，已批准含有硫酸链霉素的产品，其登记证件到期后不再办理续展登记。如今获准登记防治细菌病害的杀菌剂单剂品种（有效成分）逾 15 种，产品逾 42 个。

三、防治病毒病害的杀菌剂

绝大多数病毒病害其名称末尾为"病毒病"；而有的病毒病害名称不含"病毒病"，例如水稻条纹叶枯病（不能简称水稻纹枯病）、水稻黑条矮缩病、烟草花叶病（花叶病毒病）。

登记用于防治病毒病的单剂产品和混剂产品逾 190 个。在这些制剂中出现的有效成分有盐酸吗啉胍、葡聚烯糖、氨基寡糖素、低聚糖素、几丁聚糖、香菇多糖、毒氟磷、辛菌胺醋酸盐、谷固醇、丁子香酚、宁南霉素、嘧肽霉素、菌毒清、氯溴异氰尿酸等。

四、用于中药材上的杀菌剂

中医系中国固有的传统医学（跟西医相区别），是祖国的瑰宝。中医所用的药物叫中药（跟西药相区别），包括天然药物及其加工品。中药按加工工艺分为中药材、中药饮片、中成药等类型，按来源分为植物药、动物药、矿物药等三类。中药材是中药饮片和中成药的原材料。因草本植物药占中药的大多数，所以中药也称草药。

中药材多为植物，也包括部分动物和矿物。20 世纪 80 年代开展的第三次全国重要资源调查，查明我国中药资源有 12807 种，其中植物药 11146 种，动物药 1581 种，矿物药 80 种。1994 年出版的《中国中药资源志要》收载我国植物、动物、矿物等药用资源 12694 种，其中药用植物 383 科 2313 属 11020 种，药用动物 414 科 879 属 1590 种，药用矿物 84 种。

严格地说，中药材上不能用或要少用包括除草剂在内的各种农药，所以至今尚无一种选择性除草剂登记用于中药材。曾经登记用于中药材（如人参、三七）的农药有效成分仅有多抗霉素、枯草芽孢杆菌、嘧菌酯、苯醚甲环唑（前 4 种为杀菌剂）、赤霉酸（植物生长调节剂）、百草枯（除草剂）等为数不多的几种。

（1）多抗霉素　1.5%、3%多抗霉素可湿性粉剂登记用于人参，防治黑斑病，使用浓度 100～200mg/L，施药方法为喷雾，登记证号 PD85163，申办厂家为吉林省延边春雷生物药业有限公司。

（2）枯草芽孢杆菌　10 亿个/g 枯草芽孢杆菌可湿性粉剂登记用于三七，防治根腐病，每亩用制剂 150～200g，施药方法为喷雾，登记证号 PD20097312，申办厂家为云南星耀生物制品有限公司。

（3）嘧菌酯　25%嘧菌酯悬浮剂登记用于人参，防治黑斑病，每亩用制剂 40～60mL，施药方法为喷雾，登记证号 PD20060033，申办厂家为英国先正达有限公司。

（4）苯醚甲环唑　10%苯醚甲环唑水分散粒剂登记用于三七，防治黑斑病，每亩用 10%水分散粒剂 30～45g，施药方法为喷雾，登记证号 PD20085870，申办厂家为江苏丰登农药有限公司。

（5）赤霉酸　4%赤霉酸乳油登记用于人参，用途为增加发芽率，使用浓度 20mg/kg，施药方法为播种前浸种 15min，登记证号 PD86101，申办厂家为上海同瑞生物科技有限公司。75%赤霉酸结晶粉登记用于人参，用途为增加发芽率，使用浓度 20mg/kg，施药方法为播种前浸种 15min，登记证号 PD86183，申办厂家为上海悦联化工有限公司。

（6）百草枯　20%百草枯水剂登记用于草药田，防除一年生和多年生杂草，每亩用 20%水剂 200～300mL，施药方法为行间定向茎叶喷雾，登记证号 PD20050007，申办厂家为先正达南通作物保护有限公司。百草枯水剂自 2016 年 7 月 1 日停止在国内销售、使用。

五、用于食用菌上的杀菌剂

目前登记用于食用菌（如蘑菇、平菇）的杀菌剂有效成分仅有噻菌灵、咪鲜胺锰盐、二氯异氰尿酸钠、百菌清等为数不多的几种，其登记情况见表4-7。

表4-7 登记用于食用菌的杀菌剂产品

产品名称	登记作物	防治对象	用药量（有效成分）	施药方法	登记证号	申办厂家
40％噻菌灵可湿性粉剂	蘑菇	褐腐病	0.3～0.4g/m²	菇床喷雾	PD2005 0096	台湾隽农实业股份有限公司
50％噻菌灵悬浮剂	蘑菇	褐腐病	① 1：(1250～2500)（药料比）② 1～1.5g/m²	① 拌料 ② 喷雾	PD2007 0316	瑞士先正达作物保护有限公司
50％咪鲜胺锰盐可湿性粉剂	蘑菇	褐腐病、白腐病	0.4～0.6g/m²	拌于覆盖土或喷淋菇床	PD386-2003	德国拜耳作物科学公司
50％咪鲜胺锰盐可湿性粉剂	蘑菇	褐腐病	0.8～1.2g/m²	喷雾或拌土	PD2007 0614	江苏省南通江山农药化工股份有限公司
40％二氯异氰尿酸钠可溶粉剂	平菇	木霉菌	40～48 g/100kg 干料	拌料	LS95328 和 PD2009 0008	山西康派伟业生物科技有限公司
30％百菌清·二氯异氰尿酸钠可湿性粉剂（10％+20％）	平菇	绿霉病	30～50g/100kg 干料	拌料	LS94793	山西奇星农药有限公司

六、用于种苗处理的杀菌剂

用于土壤处理的杀菌剂有噁霉灵、敌磺钠、霜霉威、多菌灵、甲基硫菌灵、五氯硝基苯等。下面介绍用于种苗处理的杀菌剂。

迫于安全和环保方面的考虑，农药的结构正在发生变化，就全球而言，农药的销售额近年来处于徘徊甚至下降的趋势。然而种子处理剂的形势则与此迥然不同，虽然前几年它销售总额不多，所占份额不大，但增长速率喜人。种子处理剂之所以备受重视，主要原因之一是它的高度靶标性。种子处理是减少农药活性物质用量的重要途径，这符合于当前世界的总趋势。与一般田间喷洒施药不同，种子处理是将药剂集中施于作物种子上。从而大大减少用药量。与沟施相比，种子处理用药不及它的15％，与叶面喷施相比，种子处理用药不及它的1％。与常规使用的茎叶处理农药相比，种子处理剂在降低农药施用量和施用次数，减少环境污染，减少田间操作工序，省工、节本、增效等方面具有明显优势。目前种子处理剂已被越来越多的农民所接受，也受到更多农药企业的强烈关注，产品登记数量不断攀升。种子处理剂是一块市场潜力巨大的"蛋糕"，国内外农药企业竞相角逐。

1. 种子与种子处理的方法

种子是一个多义词。在植物学上，即狭义上的种子是指显花植物所特有的器官，由完成了受精过程的胚珠发育而成，通常由种皮、胚、胚乳三个部分组成。在《种子法》里，广义上的种子是指农作物和林木的种植材料或者繁殖材料，包括籽粒、果实和根、茎、苗、芽、叶等。广义上的种子又称种苗，可以小到一个花粉，可以大到一颗植株。种子在一定条件下可萌发生长成新的植物体。

有的资料将种子分为真种子、果实种子、营养繁殖器官种子、人工种子等类型。真种子即植物学上的种子，例如大豆、花生、油菜等的种子；果实种子如小麦、玉米等的种子；营养繁殖器官种子如甘薯块根、生姜根茎、马铃薯块茎、大蒜鳞茎。

对真种子、果实种子进行种子处理的方法有包衣、拌种（又分为干拌种、湿拌种）、浸种、丸化4种。对球茎、块茎、枝条、秧苗等进行种子处理的方法有浸泡（包括浸秧）、蘸根等2种。

2. 种子处理剂的登记现状

1985年，首个种子处理剂35％甲霜灵拌种剂取得正式登记，用于谷子防治白发病。之后很长一段时期内，种子处理剂产品数量增长非常缓慢，到2000年时仅有5个产品取得登记。进入21世纪后，随着国内研发水平不断提升，登记产品逐渐多了起来，2007年达25

个。自 2007 年起，国内种衣剂市场结束长达 6 年的缓慢发展阶段，正式步入以高技术含量为支撑的全新种子处理技术阶段，且以年均 12% 的速度高速发展，产品登记数量逐年大幅上升，截至 2012 年 12 月份取得登记的产品共有 337 个，其中正式登记 326 个，临时登记 12 个；单剂 108 个，二元混配制剂 147 个，三元混配制剂 82 个。

（1）成分 种子处理剂单剂的有效成分主要为戊唑醇、吡虫啉、氟虫腈。二元混剂以杀菌＋杀菌、杀菌＋杀虫配伍的居多，杀虫＋杀虫配伍的极少（如 25% 甲拌磷·克百威悬浮种衣剂，参 PD20085891）；三元混剂以杀菌＋杀菌＋杀虫居多，杀菌＋杀菌＋杀菌的较少（如 9% 氟环·咯·苯甲种子处理悬浮剂，参 LS20150059）。种子处理剂中的杀菌剂成分有甲霜灵、精甲霜灵、多菌灵、咯菌腈、福美双、戊唑醇、种菌唑、苯醚甲环唑等。

（2）剂型 在国家标准《农药剂型名称及代码》中，种子处理制剂的剂型有 2 类（种子处理固体制剂、种子处理液体制剂）、8 种：种子处理干粉剂（DS），指可直接用于种子处理的细的均匀粉状制剂；种子处理可分散粉剂（WS），指用水分散成高浓度浆状物的种子处理粉状制剂；种子处理可溶粉剂（SS），指用水溶解后，用于种子处理的粉状制剂；种子处理液剂（LS），指直接或稀释后，用于种子处理的液体制剂；种子处理乳剂（ES），指直接或稀释后，用于种子处理的乳状液制剂；种子处理悬浮剂（FS），指直接或稀释后，用于种子处理的稳定悬浮液制剂；悬浮种衣剂（FSC），指含有成膜剂，以水为介质，直接或稀释后用于种子包衣（95% 粒径 ≤2μm，98% 粒径 ≤4μm）的稳定悬浮液种子处理制剂；种子处理微囊悬浮剂（CF），指稳定的微胶囊悬浮液，直接或用水稀释后成悬浮液的种子处理制剂。

由于早期登记未对种子处理剂的剂型名称进行规范，导致现有产品中所涉剂型种类超出国标中的 8 种。现有登记产品剂型有拌种剂、干拌种剂、干粉种衣剂、可湿粉种衣剂、湿拌种剂、水乳种衣剂、悬浮拌种剂、悬浮种衣剂、油基种衣剂、种衣剂、种子处理干粉剂、种子处理可分散粉剂、种子处理乳剂、种子处理微囊悬浮剂、种子处理悬浮剂等 15 种。其中悬浮种衣剂、种子处理干粉剂、种子处理可分散粉剂、种子处理悬浮剂为主要剂型，分别占总产品数量的75.7%、5%、4.4%、3.6%。表明悬浮种衣剂为登记开发的重中之重、热点剂型。悬浮种衣剂与其他类型的种子处理剂的重要区别在于其含有成膜剂，能够对种子进行包衣并使有效成分相对稳定地附着于种子表面。

（3）作物　登记作物共有14种，其中玉米、小麦、棉花、大豆、水稻、花生是企业登记的6大热点作物，产品数量比例分别为32.7%、20.4%、15.1%、11.4%、10.8%、4.9%，共计95.3%。另外8种作物高粱、谷子、向日葵、马铃薯、绿豆、甜菜、西瓜、油菜上登记产品数量所占比例仅为4.7%。登记用于水稻上的产品仅35个，与其位居第二位的种植面积极不匹配，原因可能是水稻播种环境对种子处理剂的技术要求较高。目前国内种子处理剂市场构成，玉米、小麦、大豆和水稻种衣剂市场依次占总量比例为48%、24%、10%和5%，可见市场份额比例与各作物的登记产品数量也基本上是相一致的。

（4）病虫　登记的防治对象共有37种，其中病害24种，害虫12种，线虫1种。病害以苗期病害和土传病害为主，例如全蚀病、根腐病、黑穗病、茎基腐病、立枯病、纹枯病、恶苗病。害虫以蚜虫和地下害虫为主，例如蚜虫、蛴螬、金针虫、地老虎、蝼蛄、稻蓟马、稻瘿蚊。值得注意的是目前在申请产品登记时，防治对象不能笼统地写成地下害虫或苗期病害，而需要具体到是哪种病虫害。

七、用于产后植保的杀菌剂

水果、蔬菜、花卉、木材等采收后，需要进行防腐保鲜，这就是产后植保。笔者收集整理了登记用于产后植保的农药，供大家参考。登记用于柑橘、香蕉、芒果、苹果、梨、李子、柿子、猕猴桃等水果产后植保的农药有双胍三辛烷基苯磺酸盐、噻菌灵、异菌脲、咪鲜胺、咪鲜胺锰盐、抑霉唑、甲基硫菌灵、吡唑醚菌酯、1-甲基环丙烯，登记用于番茄、甘薯、马铃薯等的有1-甲基环丙烯、氯苯胺灵、甲基硫菌灵，登记用于康乃馨（香石竹）、花卉百合、非洲菊、唐菖蒲、玫瑰等花卉的有1-甲基环丙烯，登记用于木材的有硼酸锌、四水八硼酸二钠、硼酸·硫酸铜，见表4-8。

表 4-8　登记用于产后植保的杀菌剂产品

有效成分	产品规格	登记作物	防治对象	用药量	施用方法	登记证号
双胍三辛烷基苯磺酸盐	40%WP	柑橘	贮藏期病害	200～400 mg/kg	浸果	PD374-2001
异菌脲	25.5%SC	香蕉	贮藏期轴腐病、冠腐病	1500mg/kg	浸果	PD20070317
氯苯胺灵	99%熏蒸剂	贮藏的马铃薯	抑制出芽	30～40mg/kg 马铃薯	熏蒸	LS20130415
氯苯胺灵	50%热雾剂	贮藏的马铃薯	抑制马铃薯块茎发芽	30～40mg/kg 马铃薯	热雾	PD20131814
咪鲜胺	45%EW	柑橘	青霉病、绿霉病、蒂腐病、炭疽病	225～450 mg/kg	浸果	PD20030004
		香蕉	冠腐病、炭疽病	250～500 mg/kg	浸果	
	25%EC	柑橘	青霉病、绿霉病、蒂腐病、炭疽病	250～500 mg/kg	浸果	PD20030018
		芒果	炭疽病	①500～1000mg/kg ②250～500mg/kg	①浸果 ②喷雾	
咪鲜胺锰盐	50%可湿性粉剂	柑橘	青霉病、绿霉病	250～500 mg/kg	浸果	PD20100617
噻菌灵	50%SC	柑橘	青霉病、绿霉病	833～1250 mg/kg	浸果 1min	PD20070316
		香蕉	冠腐病	500～750 mg/kg	浸果 1min	
	45%SC	香蕉	贮藏期病害	500～750 mg/kg	浸果	PD20100808
	42%悬浮剂	柑橘	青霉病、绿霉病、防腐、保鲜	1000～1500 mg/kg	浸果	PD20083866

有效成分	产品规格	登记作物	防治对象	用药量	施用方法	登记证号
抑霉唑	22.2%EC	柑橘	青霉病、绿霉病	250~500 mg/kg	浸果	PD300-99
甲基硫菌灵	36% SC	柑橘	青霉病、绿霉病	800 倍液	浸果	PD86116
		甘薯	黑斑病	800~1000 倍液	浸种,喷雾	
		马铃薯	环腐病	800 倍液	浸种	
咪鲜胺·抑霉唑	14% EC	柑橘	青霉病、绿霉病、蒂腐病、酸腐病	600~800 倍液	浸果 1min	PD20095320
咪鲜胺	15%ME	柑橘	青霉病、绿霉病、蒂腐病、黑腐病	200~300 mg/kg	浸果	PD20110029
吡唑醚菌酯	25% EC	香蕉	轴腐病、炭疽病	125~250 mg/kg	浸果	PD 20080464
1-甲基环丙烯	0.63% 片剂	梨、柿子、李子、香甜瓜、苹果	保鲜	500~1000 μg/kg	密闭熏蒸	LS20110106
		猕猴桃	保鲜	250~500μg/kg	密闭熏蒸	
	0.18% 泡腾片剂	番茄	保鲜	0.6μL/L	密闭熏蒸	LS 20130320
	0.14% 微囊粒剂	康乃馨(香石竹)、花卉百合	保鲜	500~1000 μg/kg	密闭熏蒸	PD20110706
		非洲菊、唐菖蒲	保鲜	1000~1500 μg/kg	密闭熏蒸	
		玫瑰	保鲜	1000~2000 μg/kg	密闭熏蒸	
硼酸·硫酸铜	12%可溶液剂	卫生	腐朽菌、白蚁	1500mg/kg	木材浸泡、喷涂	WP20110126
四水八硼酸二钠	98%可溶粉剂	木材	白蚁	8.2~8.4kg/m³	加压浸泡	WP20120209
		卫生	腐朽菌	2250mg/kg	浸泡	
硼酸锌	98.8% 粉剂	卫生	腐朽菌	0.85% (药剂/板材)	添加	WP20130204
		卫生	白蚁	0.85% (药剂/板材)	板材加工中添加	

八、用于保护栽培的杀菌剂

在获准登记用于保护地的杀菌剂产品逾 80 个，涉及有效成分逾 10 种（如噻唑锌、嘧菌酯、百菌清、腐霉利、异菌脲、甲霜灵、福美双、地衣芽孢杆菌、枯草芽孢杆菌、几丁聚糖）。

九、各类作物适用的杀菌剂

使用杀菌剂要保护的目的植物有很多种，大体可以分为粮、棉、油、糖、麻、烟、茶、桑、果、菜、药、林、杂等 13 类，下面分别介绍这些作物类型上适用的杀菌剂选用指南。

（1）"粮"类作物 包括谷类作物（水稻、陆稻、小麦、大麦、燕麦、黑麦、玉米、谷子、高粱、穄子、稗、薏苡、荞麦、籽粒苋）、豆类作物（大豆、绿豆、小豆、蚕豆、豌豆、豇豆、菜豆、小扁豆、蔓豆、鹰嘴豆）、薯类作物（甘薯、马铃薯、木薯、豆薯、薯蓣、芋、菊芋、蕉藕）。登记用于这类作物上的杀菌剂很多，如春雷霉素等。

（2）"棉"类作物 "棉"类作物即棉花。

（3）"油"类作物 包括花生、油菜、芝麻、胡麻、向日葵、蓖麻、红花、苏子等。登记用于这类作物上的杀菌剂如噻菌核霉。

（4）"糖"类作物 包括甘蔗、甜菜、甜叶菊、芦粟、甜高粱等。登记用于这类作物上的杀菌剂凤毛麟角。

（5）"麻"类作物 包括黄麻、红麻、苎麻、大麻、亚麻、茼麻、蕉麻、龙舌兰麻（剑麻）等。登记用于这类作物上的杀菌剂凤毛麟角。

（6）"烟"类作物 "烟"类作物即烟草。

（7）"茶"类作物 "茶"类作物即茶树。

（8）"桑"类作物 "桑"类作物即桑树。

（9）"果"类作物 包括落叶果树（苹果、梨、李、桃、葡萄、石榴、枣、杏、柿、核桃、板栗、无花果、猕猴桃）、常绿果树（柑橘、枇杷、芒果、香蕉、菠萝、荔枝、龙眼、油橄榄、杨梅、草莓）。

（10）"菜"类作物　　"菜"类作物种类繁多，见表4-9。

表4-9　蔬菜按科别划分的类型

蔬菜类型		蔬菜科别	蔬菜种名
普通蔬菜	陆生蔬菜	茄科	番茄（西红柿）、茄子、辣椒（辣子、海椒）、甜椒、马铃薯（洋芋、土豆）
		豆科	豇豆、菜豆（四季豆、芸豆）、扁豆（刀豆、峨眉豆）、豌豆、蚕豆（胡豆）、大豆（毛豆）、花生（煮花生）
		菊科	莴苣[叶用莴苣（生菜）、茎用莴苣（莴笋）]，茼蒿
		苋科	苋菜
		藜科	菠菜
		姜科	姜（生姜）
		葫芦科	黄瓜、苦瓜、丝瓜、冬瓜、南瓜（倭瓜）、瓠瓜（瓠条瓜、瓠子）、菜瓜、佛手瓜、节瓜、蛇瓜（蛇丝瓜、长栝楼）、西葫芦（角瓜）、葫芦
		百合科	洋葱（元葱）、大葱、分葱（小葱）、细香葱、韭葱、大蒜、薤（藠头）、韭菜、芦笋
		旋花科	蕹菜（空心菜、藤藤菜）
		薯蓣科	豆薯（地瓜）、薯蓣（山药）
		十字花科	萝卜、白菜类[大白菜、小白菜（普通白菜、不结球白菜、青菜、油菜）、鸡毛菜、紫菜薹、乌塌菜、菜心（菜薹、薹菜）]，芥菜类[根用芥菜（大头菜）、茎用芥菜（榨菜）、叶用芥菜（雪里蕻、青菜）]，甘蓝类[结球甘蓝（莲花白、卷心菜、圆白菜、洋白菜）、球茎甘蓝（茎蓝）、抱子甘蓝、羽衣甘蓝、紫甘蓝、芥蓝、花椰菜（菜花、花椰菜）、青花菜（西兰花、绿菜花、茎椰菜）]
		伞形花科	胡萝卜、芹菜、芫荽（香菜）、茴香
		其他科	黄秋葵、紫苏
	水生蔬菜		藕、芋（芋头、芋艿）、茭白、豆瓣菜（西洋菜）、蕹菜（空心菜）
菌藻蔬菜	菌类蔬菜		平菇、香菇、蘑菇、银耳、黑木耳、金针菇、杏鲍菇
	藻类蔬菜		海带、紫菜

（11）"药"类作物　　包括三七、人参等。登记用于这类作物上的杀菌剂较少，已登记的如枯草芽孢杆菌（用于三七）、多抗霉素

（用于人参）。

（12）"林"类作物　包括园林植物、森林植物。园林植物又称观赏植物，大体分为花卉植物、草坪植物2类。森林植物大体分为树林植物、竹林植物2类。

（13）"杂"类作物　包括牧草作物、绿肥作物、饮料作物（咖啡、可可）、调料作物（花椒、胡椒）、香料作物（肉桂）、染料作物（蓝靛）、其他作物（橡胶、芦苇、席草、薄荷、啤酒花、代代花、香茅草）。

部分作物适用的生物杀菌剂杀线虫剂选用指南见表4-10。

表4-10　部分作物适用的生物杀菌剂杀线虫剂选用指南

作物类型	作物名称	病虫名称	杀菌剂杀线虫剂举例
"粮"类	水稻	稻瘟病	春雷霉素、四霉素、灭瘟素、解淀粉芽孢杆菌、香芹酚
		稻曲病	井冈霉素、蛇床子素、枯草芽孢杆菌、蜡质芽孢杆菌
		水稻纹枯病	井冈霉素、多抗霉素、申嗪霉素、蛇床子素、枯草芽孢杆菌、蜡样芽孢杆菌、苦参碱
		水稻立枯病	宁南霉素
		水稻白叶枯病	宁南霉素、中生菌素
	小麦	水稻条纹叶枯病	宁南霉素、香菇多糖
		小麦锈病	嘧啶核苷类抗生素、氨基寡糖素
		小麦白粉病	宁南霉素、多抗霉素、几丁聚糖
		小麦纹枯病	井冈霉素、木霉菌
		小麦赤霉病	低聚糖素
		小麦全蚀病	荧光假单胞菌
	大豆	大豆根腐病	宁南霉素
		大豆菌核病	宁南霉素
		大豆茎腐病	宁南霉素
		大豆病毒病	葡聚寡糖素
		大豆根结线虫	阿维菌素、淡紫拟青霉
		大豆孢囊线虫	淡紫拟青霉
"棉"类	棉花	棉花枯萎病	柠檬醛、枯草芽孢杆菌
		棉花黄萎病	柠檬醛
		棉花立枯病	木霉菌
"油"类	油菜	菌核病	噬菌核霉、宁南霉素

作物类型	作物名称	病虫名称	杀菌剂杀线虫剂举例
"麻"类	苎麻		
"烟"类	烟草	烟草赤星病	地衣芽孢杆菌、多抗霉素
		烟草炭疽病	蜡样芽孢杆菌
		烟草白粉病	嘧啶核苷类抗生素
		烟草黑胫病	地衣芽孢杆菌、氨基寡糖素
		烟草青枯病	多黏类芽孢杆菌、荧光假单胞菌
		烟草病毒病	宁南霉素、嘧肽霉素、香菇多糖、氨基寡糖素
		烟草根结线虫	厚孢轮枝菌
"茶"类	茶树		
"桑"类	蚕桑		
"果"类	苹果	苹果斑点落叶病	多抗霉素、四霉素
		苹果轮纹病	中生菌素
		苹果白粉病	嘧啶核苷类抗生素
		苹果树腐烂病	四霉素、黄芩苷
	梨	梨黑星病	苦参碱
	桃	桃树根癌病	放射土壤杆菌
		桃细菌性穿孔病	宁南霉素
	葡萄	葡萄白粉病	嘧啶核苷类抗生素
		葡萄灰霉病	多抗霉素
	枣	枣疯病	氨基寡糖素
	枸杞	白粉病	大蒜素
	西瓜	西瓜炭疽病	多黏类芽孢杆菌
		西瓜枯萎病	多黏类芽孢杆菌、申嗪霉素、武夷菌素
	柑橘	柑橘溃疡病	硫酸链霉素、中生菌素
	菠萝		
	荔枝		
	龙眼		
	椰子		
	草莓	白粉病	枯草芽孢杆菌
		灰霉病	枯草芽孢杆菌
"菜"类	番茄	猝倒病	哈茨木霉菌
		立枯病	哈茨木霉菌
		番茄灰霉病	丁香酚、小檗碱
		番茄叶霉病	小檗碱
		番茄晚疫病	寡雄腐霉菌
		番茄青枯病	多黏类芽孢杆菌、硫酸链霉素、中生菌素

作物类型	作物名称	病虫名称	杀菌剂杀线虫剂举例
"菜"类	番茄	番茄病毒病	嘧肽霉素、宁南霉素、大黄素甲醚、香菇多糖
		番茄线虫	淡紫拟青霉
	茄子	茄子青枯病	多黏类芽孢杆菌
	辣椒	辣椒疫病	申嗪霉素
		辣椒疫霉病	小檗碱
		辣椒青枯病	多黏类芽孢杆菌
		辣椒疮痂病	中生菌素
		辣椒病毒病	宁南霉素
	菜豆	白粉病	宁南霉素
		菜豆细菌性疫病	中生菌素
	姜	姜瘟	中生菌素、蜡样芽孢杆菌
	黄瓜	黄瓜白粉病	枯草芽孢杆菌、武夷菌素
		黄瓜霜霉病	木霉菌、地衣芽孢杆菌
		黄瓜灰霉病	木霉菌
		黄瓜细菌性角斑病	多黏类芽孢杆菌、中生菌素、多抗霉素
	芦笋	芦笋茎枯病	中生菌素
	十字花科蔬菜	霜霉病	木霉菌
		大白菜软腐病	硫酸链霉素、中生菌素
"药"类	三七	三七根腐病	枯草芽孢杆菌
	人参	人参黑斑病	多抗霉素
"林"类	花卉	观赏百合(温室)根腐病	哈茨木霉菌
		白粉病	嘧啶核苷类抗生素
	草坪		
	树木	腐朽病	
	竹子		
"杂"类	草原		
	绿肥		
	滩涂		
	仓库		

注：表中所列杀菌剂和杀线虫剂单剂品种有的尚未获准农业部登记，请按标签指示使用或请教当地技术部门。

第五节 | 杀菌剂选购指南 »»»

农药是重要的农业生产资料，假冒、劣质杀菌剂坑人害人，祸国殃民。只要做到下面"三看"，就能购买到货真价实的杀菌剂。

1. 看"一照"

农药经营者应具备农药专业知识和法律法规培训合格证、危险化学经营许可证、农药经营许可证、庄稼医生职业资格证书、专业技术职务资格证书等资质，办理营业执照，亮照经营。购买杀菌剂一定要到正规的农药经营门店，否则一旦发生质量纠纷，难以进行索赔追偿，难以有效保护自身权益。

2. 看"一签"

标签是介绍产品信息、指导安全合理使用农药的依据，农业部2017年6月21日发布了《农药标签和说明书管理办法》，自2017年8月1日起施行。产品包装尺寸过小、标签无法标注规定的全部内容的，应当附具相应的说明书。标签与说明书具有同等效力。标签和说明书由农业部在农药登记时审查核准。申请农药登记应当提交农药产品的标签样张。农业部在作出准予农药登记决定的同时，公布该农药的标签和说明书内容。标签和说明书样张上标注核准日期，加盖中华人民共和国农业部农药登记审批专用章。

登陆中国农药信息网，可以查询农药登记核准标签的文字内容（没有颜色及图案）。凡发现标签或说明书内容存在增加或删除现象的，应擦亮眼睛，谨慎购买。一是出现未经登记的使用范围和防治对象的图案、符号、文字；二是标注带有宣传、广告色彩的文字、符号、图案，标注企业获奖和荣誉称号，例如出现"……作物专用""……病害特效""……单位监制""……保险公司承保""……公司总代理""……专家推荐""采用……国家技术""作用迅速""无效退款""保证高产优质""无毒无害无污染无残留"等内容；三是活体型杀菌剂保质期2年；四是使用剂量过低或稀释倍数太大；五是价格，若明显低于同类杀菌剂，很可能偷工减料，若明显高于同类杀菌剂，很可能非法添加了隐性成分。

3. 看"三证"

国家实行农药登记制度，生产农药（包括原药生产、制剂加工和分装）和进口农药，必须进行登记。每一种农药产品都有一个相当于居民身份证号码的唯一的农药登记证号。大田用农药的登记证号以汉语拼音字母 LS、PD 等开头，卫生用农药的登记证号以汉语拼音字母 WL、WP 等开头。

农药"三证"指的是农药登记证件、农药生产批准证件、农药标准证件等三种证件。对于国产农药，应有 3 种 3 个证号；若是分装产品，应有 3 种 6 个证号（分装厂家须办理分装的 3 种 3 个证号）。对于进口农药，若是原包装直接销售的，只有 1 种 1 个证号（农药登记证号）；若是在国内分装后再销售的，应有 3 种 4 个证号（分装厂家须办理分装的 3 种 3 个证号）。登陆农业部农药检定所主办的中国农药信息网等官方网站，可以查询农药"三证"号是否真实有效，千万不要购买没有这些证件号或证件号不齐的杀菌剂。

附 录

杀线虫剂 ▶▶▶

一、杀线虫剂的发展概况与作用方式

  线虫分类系统虽然较多，但仍以 Chitwood and Chitwood（1950 年）所创建的分类系统被多数学者接受。Goodey 的分类法也值得参考。线虫纲分为侧尾腺口亚纲、无侧尾腺口亚纲等 2 大类群。常见的重要植物线虫在这 2 个亚纲中的垫刃目、矛线目等 2 个目，共 20 余属，如茎线虫属、粒线虫属、刺线虫属、根结线虫属、孢囊线虫属、长针线虫属。

  线虫与真菌、细菌、病毒、菌原体、寄生性种子植物等均为植物病害病原物，但介绍杀真菌剂、杀细菌剂的资料不胜枚举，而介绍杀线虫剂的资料却寥寥无几。本书对杀线虫剂的发展概况、作用方式、类型划分、施用技术等作全面介绍（有的品种已禁用或限用），供大家在研究开发和推广应用时参考。

  1984～2011 年获准登记的杀线虫剂产品约 70 个。自 2012 年开始，杀线虫剂登记产品数量呈现井喷式爆发，2012～2015 年分别登记 14 个、26 个、14 个、20 个，共计 74 个，4 年间登记量占 1984～2015 年总量的 50% 左右。至 2016 年 10 月底，在有效期内的杀线虫剂产品共有 197 个，比上年同期增加 50 个，增幅约 30%。到 2017 年 10 月，杀线虫剂产品逾 236 个，登记企业逾 162 家。

  （1）成分 有效成分有克百威、涕灭威、丁硫克百威、灭线磷、甲拌磷、噻唑磷、甲基异柳磷、氯化苦、溴甲烷、硫酰氟、威百亩、棉隆、氰氨化钙、阿维菌素、淡紫拟青霉、厚孢轮枝菌、氟吡菌酰胺等。目前含阿维菌素、噻唑磷、克百威、灭线磷的产品分别约占制剂总数的 30％、20％、14％、5％，合计 69％，是杀线虫剂有效成分中的 4 大主力军。

2000 年前以克百威、涕灭威、灭线磷、甲拌磷、甲基异柳磷、氯化苦、溴甲烷等毒性较高的成分为主。此后阿维菌素开始用于防治线虫，有效成分开始向多元化、低毒化发展。在现有产品中，剧毒、高毒、中等毒（原药高毒）、中等毒、低毒（原药高毒）、低毒、微毒产品分别约占制剂总数的 0.7％、10.2％、17.0％、21.8％、29.3％、20.4％、0.7％，制剂低毒和微毒产品占 50％以上。

2015 年底拜耳公司在中国杀线虫剂市场推出革命性产品——41.7％氟吡菌酰胺悬浮剂（路富达），这是目前 6 大外企中唯一一个获准中国登记的杀线虫剂。作为创新型产品，它拥有独特的作用机理和适中的土壤移动性，使其在低剂量下拥有优异的防效。番茄每株用量仅 0.024～0.03mL，参 PD20121664，可谓"1 株 1 滴"，带领线虫防治进入"毫升"时代，颠覆了传统杀线虫剂"用量大、毒性高"的印象。

（2）剂型　有颗粒剂、乳油、微囊悬浮剂、可湿性粉剂、悬浮种衣剂、水剂、悬浮剂、水乳剂、粉剂、原药等 16 种以上。颗粒剂产品最多，占比逾 65％。

（3）作物　登记作物有黄瓜、番茄（包括番茄保护地）、花生、水稻、甘薯、甘蔗、棉花、大豆、烟草（包括烟草苗床）、小麦、玉米、高粱、西瓜、甘蓝、马铃薯、猕猴桃、胡椒、草坪、松树等。2000 年前登记作物以花生为主，此后登记用于黄瓜、番茄的产品增多。目前登记用于黄瓜、花生、番茄 3 大作物上的产品最多，每种作物上均超过 20 个产品。

1. 杀线虫剂的发展概况

杀线虫剂的应用是从 19 世纪末开始的。1881 年法国首先用 CS$_2$ 处理土壤防治甜菜线虫；1919 年有人发现氯化苦的杀线虫作用；1943 年夏威夷菠萝研究所的昆虫学家卡特发现滴滴混剂的杀线虫作用；1955 年麦克拜斯等报道了二溴氯丙烷的杀线虫活性，曼泽里报道了第一个有机磷杀线虫剂除线磷；1962 年美国联合碳化物公司开发了涕灭威；1969 年美国杜邦公司开发了草肟威，同期 FMC 公司开发出克百威等氨基甲酸酯类杀线虫剂；20 世纪 70～80 年代许多有机磷杀线虫剂被开发出来，如拜耳公司的苯线磷、华中师范大学的甲基异柳磷。有机磷杀线虫剂的开发，把杀线虫剂提高到一个新的阶段，即由强熏蒸作用的药剂发展到内吸、胃毒、触杀等多种作用方式的药剂，故而使用方法多样化，施药时间更为灵活。附表 1 所示为杀线虫剂的中文英文名称对照。

附表 1 杀线虫剂的中文英文名称对照

序号	中文通用名称	英文通用名称	中文商标名称、其他中文名称
1	二硫化碳	carbon disulphide	二硫化碳素
2	二氯丙烷	dichloropropane	
3	二氯丙烯	dichloropropene	
4	二溴乙烷	ethylene dibromide	
5	二溴氯丙烷	dibromochloropropane	
6	二氯异丙醚	DCIP	
7	氯化苦	chloropicrin	
8	溴甲烷	methyl bromide	溴灭泰
9	碘甲烷	methyl iodide	
10	硫酰氟	sulfuryl fluoride	熏灭净
11	硫线磷	cadusafos	克线丹
12	苯线磷	fenamiphos	力满库、苯胺磷、克线磷
13	灭线磷	ethoprophos	益舒宝、益收宝、一粒宝、茎线灵、灭克磷、虫线磷、丙线磷
14	噻唑磷	fosthiazate	福气多、线螨磷
15	甲基异柳磷	isofenphos-methyl	根虫数落
16	氯唑磷	isazofos	米乐尔、异唑磷、异丙三唑硫磷
17	敌线酯	methyl isothiocyanate	
18	除线磷	dichlofenthion	氯线磷、酚线磷
19	丰索磷	fensulfothion	砜线磷、线虫磷
20	虫线磷	thionazin	治线磷、硫磷嗪
21	胺线磷	diamidfos	除线特

序号	中文通用名称	英文通用名称	中文商标名称、其他中文名称
22	丁环硫磷	fosthietan	付线丹
23	涕灭威	aldicarb	铁灭克
24	克百威	carbofuran	呋喃丹、大扶农
25	杀线威	oxamyl	万强、草肟威、甲氨叉威
26	棉隆	dazomet	必速灭
27	威百亩	metam-sodium	维巴姆，保丰收
28	氰氨化钙	calcium cyanamide	荣宝
29	二硫氰基甲烷	methane dithiocyanate	浸丰
30	阿维菌素	abamectin	土线散、阿巴丁、害极灭
31	淡紫拟青霉菌	*Paecilomyces lilacinus*	线虫清
32	厚孢轮枝菌	*Verticillium chlamydosporium*	线虫必克
33	氟吡菌酰胺	fluopyram	路富达

2. 杀线虫剂的作用方式

杀线虫剂的作用方式有熏蒸（如氯化苦、溴甲烷）、触杀（如硫线磷、灭线磷）、胃毒（如阿维菌素）、内吸（如噻唑磷、克百威）、寄生（如淡紫拟青霉菌、厚孢轮枝菌）5 种（附表2）。

附表2　部分杀线虫农药的作用方式和防治谱

有效成分	作用方式					防治对象					
	熏蒸	触杀	胃毒	内吸	寄生	线虫	昆虫	螨类	病菌	杂草	鼠类
氯化苦	◆					★	★	★	★	★	★
溴甲烷	◆					★	★	★	★	★	★
硫线磷		◆				★	★				
苯线磷		◆		◆		★	★				
灭线磷		◆				★	★				
噻唑磷				◆		★	★				
甲基异柳磷		◆	◆			★	★				
涕灭威		◆	◆	◆		★	★				
克百威		◆	◆	◆		★	★				
棉隆	◆					★	★		★	★	
威百亩	◆					★			★	★	
氰氨化钙						★	★		★		
二硫氰基甲烷						★			★		
阿维菌素		◆	◆			★	★	★			
淡紫拟青霉菌					◆	★					

有效成分	作用方式					防治对象					
	熏蒸	触杀	胃毒	内吸	寄生	线虫	昆虫	螨类	病菌	杂草	鼠类
厚孢轮枝菌					◆	★					

注：◆表示该品种具有某种作用方式，★表示该品种对某种防治对象有效。

二、杀线虫剂的主要类型

生产上用来控制线虫的农药有两类：一类是专性杀线虫农药，即通常所说的杀线虫剂，指只杀线虫或以杀线虫为主的农药，品种很少，如淡紫拟青霉菌、苯线磷；一类是兼性杀线虫农药，指兼有杀线虫和杀其他有害生物活性的农药，品种最多，如克百威、杀螟丹为杀虫、杀线虫剂。附表3所示为部分杀线虫剂的登记情况。

1. 按产品特质分类

分为2大类。

(1) 化学杀线虫剂　目前全世界开发的杀线虫剂品种有30余种，常用的只有20来种，其中绝大部分为化学杀线虫剂。据不完全统计，获准我国登记的杀线虫剂单剂有16种，其中化学杀线虫剂13种，生物杀线虫剂3种。

(2) 生物杀线虫剂　从登记情况看，除了淡紫拟青霉菌、厚孢轮枝菌、阿维菌素等3个品种为生物杀线虫剂之外，其余的品种均为化学杀线虫剂。

2. 按作用方式分类

分为2大类。

(1) 熏蒸型杀线虫剂　这类品种有氯化苦、溴甲烷、棉隆、威百亩等。20世纪60年代中期以前应用的杀线虫剂均为熏蒸型杀线虫剂。但近三四十年来几乎没有什么新的熏蒸型杀线虫剂品种问世。

(2) 非熏蒸杀线虫剂　这类品种有硫线磷、苯线磷、灭线磷、噻唑磷、甲基异柳磷、克百威、涕灭威等。1955年报道的除线磷是第一个非熏蒸杀线虫剂品种，也是第一个有机磷杀线虫剂品种。非熏蒸杀线虫剂又可细分为触杀型、胃毒型、内吸型杀线虫剂等。如硫线磷、灭线磷为触杀型杀线虫剂；阿维菌素具胃毒、触杀作用；克百威为内吸型杀线虫剂，具触杀、胃毒作用。

3. 按化学结构分类

分为6大类。

化学杀线虫剂按化学结构可分为以下类型。

（1）醚类　如二氯异丙醚。该药蒸气压较低，为328Pa，气体在土壤中挥发缓慢，因此对作物安全，可以在作物生长期间施用。

（2）卤化烃类　如氯化苦、溴甲烷、碘甲烷、二氯丙烷、二氯丙烯、二溴乙烷、二溴丙烷、二溴乙烯、二溴氯丙烷、溴氯丙烷。滴滴混剂为二氯丙烷和二氯丙烯的混剂。这类杀线虫剂具有较高的蒸气压（如溴甲烷的蒸气压为190kPa），多是土壤熏蒸剂，通过药剂在土壤中扩散而直接毒杀线虫。但由于存在对人毒性大和田间用量大等缺点，这类杀线虫剂的发展受到限制。

（3）有机磷类　如除线磷、丰索磷、胺线磷、丁线磷、硫线磷、苯线磷、灭线磷、氯唑磷、甲基异柳磷。这类杀线虫剂发展较快，品种较多。其作用机制是胆碱酯酶受到抑制而中毒死亡，线虫对这类药剂一般较敏感。不少品种具有内吸作用（如苯线磷、甲基异柳磷），有的则表现为触杀作用（如硫线磷、灭线磷），共同特点是杀线虫谱较广，并且在土壤中很少有残留，是目前较理想的杀线虫剂。

（4）氨基甲酸酯类　如涕灭威、克百威、杀线威。其作用机制主要是损害神经活动，减少线虫迁移、侵染和取食植物，从而可减少线虫的繁殖和危害。这类杀线虫剂防治谱较广（也是重要的内吸杀虫剂），但毒性很高，克百威属高毒类农药，涕灭威属剧毒类农药（是我国现在使用的农药中急性经口毒性最高的一个）。

（5）硫代异硫氰酸甲酯类　如棉隆、威百亩。这类杀线虫剂能释放出硫代异氰酸甲酯，即释放出氰化物离子使线虫中毒死亡。

（6）其他　如二硫氰基甲烷、氰氨化钙、二硫化碳、甲醛。

4. 按成分个数分类

分为2大类。

（1）单剂杀线虫剂　目前应用的几乎都是这类农药。

（2）混剂杀线虫剂　品种相对较少，如咪鲜胺＋杀螟丹。

附表3　部分杀线虫剂登记情况

序号	通用名称	商标名称	生产厂家	制剂规格	防治对象	有效用药量/(g/hm²)	施用方法	登记证号
01	氯化苦		辽宁大连绿峰化学公司	单剂	花生、根瘤线虫	500	开沟施药	PD84129
02	溴甲烷	溴灭泰	以色列死海溴化物集团	98%压缩气体制剂	烟草、线虫	900~1200	土壤处理	PD230-98
03	硫线磷	克线丹	美国富美实公司	10%颗粒剂	柑橘、根结线虫	6000~12000	沟施或撒施	PD176-93
04	苯线磷	力满库	德国拜耳作物科学公司	10%颗粒剂	花生、根结线虫	3000~6000	沟施	LS86016
05	灭线磷	益舒宝	德国拜耳作物科学公司	20%颗粒剂	花生、根结线虫	4500~5250	沟施	PD168-92
		线虫灵	山东淄博周村惠丰农药公司	5%颗粒剂	红薯、茎线虫	750~1125	拌土穴施	LS9547
06	噻唑膦	福气多	日本石原产业株式会社	10%颗粒剂	番茄、黄瓜、根结线虫	2250~3000	土壤撒施	LS20020026
07	甲基异柳磷	根虫敌数落	福建福安农药厂	2.5%颗粒剂	大豆、孢囊线虫	4500~6000	沟施	LS95699
08	涕灭威	铁灭克	德国拜耳作物科学公司	15%颗粒剂	花生、线虫	2250~3000	沟施	PD43-87
09	克百威	呋喃丹	美国富美实公司	3%颗粒剂	花生、根结线虫	1800~2250	条施、沟施	PD11-86
10	棉隆	必速灭	德国巴斯夫公司	98%颗粒剂	花卉、线虫	300000~400000	土壤处理	PD20040013

序号	通用名称	商标名称	生产厂家	制剂规格	防治对象	有效用药量/(g/hm²)	施用方法	登记证号
11	威百亩	垄鑫	江苏南通施壮化工公司	98%微粒剂	番茄(保护地)、线虫	19600~29400	土壤处理	LS20040807
		棚线毙	江苏利民化工公司	35%水剂	番茄、黄瓜、根结线虫	21000~31500	沟施	LS20030363
		线克	辽宁沈阳丰收农药公司	35%水剂	黄瓜、根结线虫	21000~31500	种植前土壤处理、沟施	LS991881
12	氰氨化钙	荣宝	宁夏大荣化工冶金公司	50%颗粒剂	番茄、黄瓜、根结线虫	360~480 kg/hm²	沟施	LS20030837
13	二硫氰基甲烷	浸丰	江苏常熟义农公司	4.2%乳油	水稻、干尖线虫病、恶苗病	5000~7000 倍液	浸种	LS20020484
14	阿维菌素	土线散	海南力智生物工程公司	0.5%颗粒剂	胡椒、根结线虫	225~375	沟施或穴施	LS20041454
15	淡紫拟青霉菌	线虫清	福建福州凯立生物制品公司	2亿孢子/g粉剂	番茄、线虫	22.5~30kg 制剂/hm²	穴施	LS20031820
16	厚孢轮枝菌	线虫必克	云南陆良酶制品有限公司	2.5亿个孢子/g微粒剂	烟草、根结线虫	22.5~30kg 制剂/hm²	穴施	LS20011547
17	氟吡菌酰胺	路富达	德国拜耳作物科学公司	41.7%悬浮剂	番茄、根结线虫	0.024~0.030 mL/株	灌根	PD20121664

混剂

序号	通用名称	商标名称	生产厂家	制剂规格	防治对象	有效用药量/(g/hm²)	施用方法	登记证号
18	咪鲜胺+杀螟丹	种舒净	江苏如皋市农药厂	12%WP	水稻、干尖线虫病、恶苗病	300~500 倍液	浸种	LS20021755

三、杀线虫剂的施用方式

1. 按照作业靶标的分类

分为 3 种。

（1）土壤处理　即将杀线虫剂施用于土壤之中的方式。土壤处理是杀线虫剂最为常见的施用方式，绝大多数品种登记的施用方式为土壤处理。为什么呢？土壤是线虫最重要的生活场所，有些线虫只能或主要危害土壤中的作物地下部分，如根系或变态根、地下变态茎；有些线虫虽然只能或主要危害作物地上部分，如芽、叶、茎、花、种、果，但其生活史中的某一时段仍在土壤中度过。因此，将杀线虫剂施用于土壤之中可让药、虫接触，发挥出杀线虫的效果。杀线虫剂作土壤处理时，其药效与土壤质地、温度、湿度等密切相关。

（2）种苗处理　即用杀线虫剂处理种子和苗木的方式，例如二硫氰基甲烷防治水稻干尖线虫病的施用方式即为种苗处理。

（3）茎叶处理　即将杀线虫剂施用于作物茎叶的方式。这种方式目前较少用到。

2. 按照作业时段分类

分为 3 种。

（1）播栽之前处理　即在作物播种之前或在作物移栽之前施用杀线虫剂的方式。熏蒸型杀线虫剂毒性大，绝大多数品种须在作物播栽之前施用。

（2）播后苗前处理　即在作物播后苗前或宿根作物出苗前施用杀线虫剂的方式。例如二氯异丙醚的蒸气压较低，气体在土壤中挥发缓慢，对作物安全，既可以在播种前 7～20d 处理土壤，也可以在播种后或作物生长期间施用。

（3）生长期间处理　即在作物出苗后或移栽作物生长期间施用杀线虫剂的方式。例如苯线磷可在播种前和生长期间施用。

3. 按照处理部位分类

分为 2 种。

（1）局部处理　即将杀线虫剂施用于田间局部的方式，例如沟施、穴施、条施。杀线虫剂多作局部处理。

（2）全面处理　即将杀线虫剂施用于整个田间的方式。

四、杀线虫剂的施用方法

农药的施用方法有 30 多种，而杀线虫剂的施用方法只有熏蒸、撒粒、毒土、泼浇、灌根、滴灌、浸种、蘸根、喷雾等不到 10 种。

五、杀线虫剂的禁限使用

滴滴混剂、二溴乙烷、二溴丙烷曾是广泛应用的杀线虫剂，但由于滴滴混剂中的 1，2-二氯丙烷（约占 50％）药效太低，现已不再销售；二溴乙烷对动物有致畸、致癌作用，已被禁用；二溴丙烷引起精子减少使男性不育，且有致癌作用，已被禁用；二溴氯丙烷经动物试验有慢性毒性，故 1977 年在美国首先被禁用。在 2002 年 5 月 24 日农业部发布的第 199 号公告中，二溴乙烷、二溴氯丙烷被列入《国家明令禁止使用的农药》。

除线磷因其用量过大，多数国家已不再使用。丰索磷已禁止在作物上使用。胺线磷、丁线磷原开发公司已停止生产。在第 199 号公告中，苯线磷、灭线磷、氯唑磷、甲基异柳磷、涕灭威、克百威等品种被列入"在蔬菜、果树、茶叶、中药材上不得使用和限制使用的农药"名单，"任何产品都不得超出农药登记批准的使用范围使用"。

参 考 文 献

[1] 唐韵，唐理．生物农药使用与营销．北京：化学工业出版社，2016．

[2] 唐韵，唐理．稻田杂草原色图谱与全程防除技术．北京：化学工业出版社，2013．

[3] 唐韵．除草剂使用技术．北京：化学工业出版社，2010．

[4] 夏世钧，唐韵等．农药毒理学．北京：化学工业出版社，2008．

[5] 邵振润，闫晓静．杀菌剂科学使用指南．北京：中国农业科学技术出版社，2014．

[6] 孙家隆，齐军山．现代农药应用技术丛书——杀菌剂卷．北京：化学工业出版社，2017．

[7] 刘长令．世界农药大全——杀菌剂卷．北京：化学工业出版社，2006．

[8] 宋宝安．新杂环农药——杀菌剂．北京：化学工业出版社，2009．

[9] 刘乃炽．常用农药30种——杀菌剂．北京：中国农业出版社，1999．

[10] 洪锡午．合理使用杀菌剂．北京：金盾出版社，2013．

[11] 陆家云．植物病害诊断．第2版．北京：中国农业出版社，2004．

[12] 刘永泉．农药新品种实用手册．北京：中国农业出版社，2012．

[13] 农业部农药检定所．新编农药手册续集．北京：中国农业出版社，1998．

[14] 农业部农药检定所．新编农药手册．北京：农业出版社，1989．

[15] 王险峰．进口农药应用手册．北京：中国农业出版社，2000．

[16] 张一宾，等．世界农药新进展．北京：化学工业出版社，2007．

[17] 张一宾，等．世界农药新进展（二）．北京：化学工业出版社，2010．

[18] 张一宾，等．世界农药新进展（三）．北京：化学工业出版社，2014．

[19] 徐映明，朱文达．农药问答．第4版．北京：化学工业出版社，2005．

[20] 中国农业百科全书总编辑委员会．中国农业百科全书农药卷．北京：农业出版社，1993．

[21] 中国药材公司．中国中药资源志要．北京：科学出版社，1994．

[22] 农业部农药检定所．2012年中国农药发展报告．北京：中国农业出版社，2013．

[23] 中国农业科学院植物保护研究所．中国植物保护学会．中国农作物病虫害．第3版．北京：中国农业出版社，2015．

[24] 夏声广．作物细菌性病害诊断与防治原色生态图谱．北京：中国农业出版社，2014．

[25] 顾宝根，姜辉．我国生物农药的现状及问题［M］//喻子牛．微生物农药及其产业化．北京：科学出版社，2000：13-20．

[26] Sneath P H A. et al. Bergey's Manual of Systematic Bacteriology，1986，2．

索　引

一、杀菌剂中文通用名称索引

二、杀菌剂英文通用名称索引

化工版农药、植保类科技图书

分类	书号	书名	定价
农药手册性工具图书	122-22028	农药手册(原著第 16 版)	480.0
	122-29795	现代农药手册	580.0
	122-31232	现代植物生长调节剂技术手册	198.0
	122-27929	农药商品信息手册	360.0
	122-22115	新编农药品种手册	288.0
	122-22393	FAO/WHO 农药产品标准手册	180.0
	122-18051	植物生长调节剂应用手册	128.0
	122-15528	农药品种手册精编	128.0
	122-13248	世界农药大全——杀虫剂卷	380.0
	122-11319	世界农药大全——植物生长调节剂卷	80.0
	122-11396	抗菌防霉技术手册	80.0
	122-00818	中国农药大辞典	198.0
农药分析与合成专业图书	122-15415	农药分析手册	298.0
	122-11206	现代农药合成技术	268.0
	122-21298	农药合成与分析技术	168.0
	122-16780	农药化学合成基础(第 2 版)	58.0
	122-21908	农药残留风险评估与毒理学应用基础	78.0
	122-09825	农药质量与残留实用检测技术	48.0
	122-17305	新农药创制与合成	128.0
	122-10705	农药残留分析原理与方法	88.0
农药剂型加工专业图书	122-15164	现代农药剂型加工技术	380.0
	122-30783	现代农药剂型加工丛书-农药液体制剂	188.0
	122-30866	现代农药剂型加工丛书-农药助剂	138.0
	122-30624	现代农药剂型加工丛书-农药固体制剂	168.0
	122-31148	现代农药剂型加工丛书-农药制剂工程技术	180.0
	122-23912	农药干悬浮剂	98.0
	122-20103	农药制剂加工实验(第 2 版)	48.0
	122-22433	农药新剂型加工与应用	88.0
	122-23913	农药制剂加工技术	49.0
农药专利、贸易与管理专业图书	122-18414	世界重要农药品种与专利分析	198.0
	122-29426	农药商贸英语	80.0
	122-24028	农资经营实用手册	98.0
	122-26958	农药生物活性测试标准操作规范——杀菌剂卷	60.0
	122-26957	农药生物活性测试标准操作规范——除草剂卷	60.0
	122-26959	农药生物活性测试标准操作规范——杀虫剂卷	60.0
	122-20582	农药国际贸易与质量管理	80.0

分类	书号	书名	定价
农药专利、贸易与管理专业图书	122-19029	国际农药管理与应用丛书——哥伦比亚农药手册	60.0
	122-21445	专利过期重要农药品种手册(2012-2016)	128.0
	122-21715	吡啶类化合物及其应用	80.0
	122-09494	农药出口登记实用指南	80.0
农药研发、进展与专著	122-16497	现代农药化学	198.0
	122-26220	农药立体化学	88.0
	122-19573	药用植物九里香研究与利用	68.0
	122-09867	植物杀虫剂苦皮藤素研究与应用	80.0
	122-10467	新杂环农药——除草剂	99.0
	122-03824	新杂环农药——杀菌剂	88.0
	122-06802	新杂环农药——杀虫剂	98.0
	122-09521	螨类控制剂	68.0
	122-30240	世界农药新进展(四)	80.0
	122-18588	世界农药新进展(三)	118.0
	122-08195	世界农药新进展(二)	68.0
	122-04413	农药专业英语	32.0
	122-05509	农药学实验技术与指导	39.0
农药使用类实用图书	122-10134	农药问答(第5版)	68.0
	122-25396	生物农药使用与营销	49.0
	122-29263	农药问答精编(第二版)	60.0
	122-29650	农药知识读本	36.0
	122-29720	50种常见农药使用手册	28.0
	122-28073	生物农药科学使用指南	50.0
	122-26988	新编简明农药使用手册	60.0
	122-26312	绿色蔬菜科学使用农药指南	39.0
	122-24041	植物生长调节剂科学使用指南(第3版)	48.0
	122-28037	生物农药科学使指南(第3版)	50.0
	122-25700	果树病虫草害管控优质农药158种	28.0
	122-24281	有机蔬菜科学用药与施肥技术	28.0
	122-17119	农药科学使用技术	19.8
	122-17227	简明农药问答	39.0
	122-19531	现代农药应用技术丛书——除草剂卷	29.0
	122-18779	现代农药应用技术丛书——植物生长调节剂与杀鼠剂卷	28.0
	122-18891	现代农药应用技术丛书——-杀菌剂卷	29.0
	122-19071	现代农药应用技术丛书——杀虫剂卷	28.0
	122-11678	农药施用技术指南(第2版)	75.0
	122-21262	农民安全科学使用农药必读(第3版)	18.0

分类	书号	书名	定价
	122-11849	新农药科学使用问答	19.0
	122-21548	蔬菜常用农药100种	28.0
	122-19639	除草剂安全使用与药害鉴定技术	38.0
	122-15797	稻田杂草原色图谱与全程防除技术	36.0
	122-14661	南方果园农药应用技术	29.0
	122-13695	城市绿化病虫害防治	35.0
	122-09034	常用植物生长调节剂应用指南(第2版)	24.0
	122-08873	植物生长调节剂在农作物上的应用(第2版)	29.0
	122-08589	植物生长调节剂在蔬菜上的应用(第2版)	26.0
农药使用类	122-08496	植物生长调节剂在观赏植物上的应用(第2版)	29.0
实用图书	122-08280	植物生长调节剂在植物组织培养中的应用(第2版)	29.0
	122-12403	植物生长调节剂在果树上的应用(第2版)	29.0
	122-27745	植物生长调节剂在果树上的应用(第3版)	48.0
	122-09568	生物农药及其使用技术	29.0
	122-08497	热带果树常见病虫害防治	24.0
	122-27882	果园新农药手册	26.0
	122-07898	无公害果园农药使用指南	19.0
	122-27411	菜园新农药手册	22.8
	122-18387	杂草化学防除实用技术(第2版)	38.0
	122-05506	农药施用技术问答	19.0
	122-04812	生物农药问答	28.0

如需相关图书内容简介、详细目录以及更多的科技图书信息,请登录 www.cip.com.cn。

邮购地址:(100011)北京市东城区青年湖南街13号 化学工业出版社

服务电话:qq:1565138679,010-64518888,64518800(销售中心)

如有化学化工、农药植保类著作出版,请与编辑联系。联系方式:010-64519457,286087775@qq.com。